メカトロ・シリーズ

位置も回転速度も思いのままに！
ブラシ付きやステッピングをソフトウェアで操る

実験で学ぶ
DCモータの
マイコン制御術

萩野 弘司/井桁 健一郎 共著

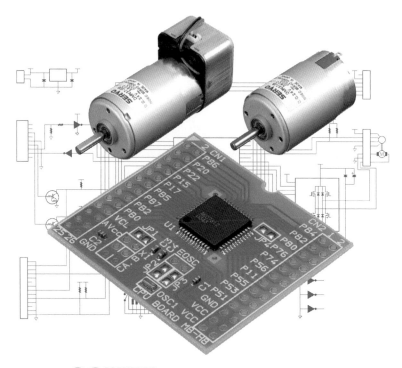

CQ出版社

はじめに

　モノを動かす機構(メカニズム:mechanism)と,それを駆動・制御するためのエレクトロニクス(electronics)技術とを一体化して完成させるシステムをメカトロニクス(mechatronics)と呼びます.メカトロニクスという用語は,メカニズムとエレクトロニクスを結合して,元々日本で生まれた造語ですが,今では世界で通用する用語となっています.

　メカトロニクス的アプローチは,いくつかの異なる分野の技術を集積(integration)して一つのシステムを作り上げるとき,より少ない時間と費用で最高の成果が上げられる,すなわち,単なる和以上の相乗集積(synergistic integration)が期待できる優れた方法論であると認識されています.重要なポイントは,複数の分野の技術者が一つのプロジェクトを順番に進めるのではなく,同時(コンカレント:concurrent)に進めることです.問題の解決を同時に進め,短い期間でプロジェクトを完成させることにあります.

　モノが動くシステムは多種多様で,要求される動きも時代とともに高度になっています.その動力源であるモータには,きめ細かな制御が必要になってきています.このようなシステムに用いられる制御用モータは,電子回路を用いて駆動と制御を行います.

　機械装置本体には機械屋の技術が,制御用モータ自体には電気屋あるいは電気機械屋の技術が必要です.制御にはセンサを必要とするのでセンサ屋の技術も,さらに制御には一般にコンピュータ技術を用いるので,ハード屋あるいはソフト屋が関与することになります.

　本書は,制御用モータとして最もポピュラなDCモータとステッピング・モータを取り上げ,そのしくみと特性をよく理解することから始めます.月刊誌「トランジスタ技術」2006年8月号から2007年11月号までの16回にわたった連載「実践講座:小型モータの選定と制御技術」をもとに加筆/編集したもので,全章のまとめを萩野弘司が行い,マイコン・プログラムに関連する部分は井桁健一郎が担当しました.

　電子回路でDCモータやステッピング・モータを駆動し,センサやマイクロコンピュータを組み合わせて制御系を構築します.さらに,できあがった制御系の特性を測定・評価するまでの,一連のメカトロニクス的アプローチの過程を示します.

　メカトロニクス・システムは,関連する分野のそれぞれのエンジニアがばらばらに取り組むと,よいシステムは実現できず,完成までの時間やコストも増加してしまいます.それぞれのエンジニアが,互いに各分野にまたがったいわゆる学際的分野の理解を心がけることにより,より良いメカトロニクス・システムを完成させることができます.それぞれの分野の技術者が,現時点で活用できる最高の技術を互いに連携させながら集積し,最高のシステムを作り上げられることを期待します.

2012年4月　　　　　　　　　　　　　　　　　　　　　　　　　　　　萩野　弘司

プログラム・リストや便利ツールのダウンロード提供

　本書には，制御用に使うマイコンH8/3694F（ルネサス エレクトロニクス）用のプログラムが掲載されています．また，第6章Appendixでは，マイコンと通信するツール（Windows用アプリケーション・プログラム）を紹介しています．

　これらはウェブ・ページからダウンロード可能です．本書の詳細ページで案内します．
https://shop.cqpub.co.jp/hanbai/books/52/52921.html

　ウェブ・ページの検索エンジンなどで「CQ　モータのマイコン制御」などのキーワードで検索しても見つかります．

● プログラム・リスト
▶ブラシ付きDCモータ制御基板
- リスト6-1　速度制御（比例制御を使用）
- リスト6-2　速度制御（比例積分制御を使用）
- リスト6-A　速度制御（データ収録）
- リスト7-1　位置制御

▶パルス発生器（ステッピング・モータ制御）
- リスト13-1　パルス発生器
- リスト13-2　パルス発生器（角度測定用）
- リスト13-3　パルス発生器（速度モニタ用電圧出力を追加）

▶対象マイコンと開発環境
H8/3694F（ルネサス エレクトロニクス）

【無償評価版】H8SX, H8S, H8ファミリ用 C/C++ コンパイラパッケージ V.6.01

　（統合開発環境High-Performance Embedded Workshopおよびシミュレータ・デバッガを同梱しています）

　V.7.00（2012年5月での最新版）でも正常なビルドを確認しています．

▶ビルド時のWarningに関して
　ビルドしたときに，

`L1100(W)Cannot find "C" specified in option "start"`

というWarningが出ますが，これは無視して問題ありません．正常に実行できるプログラムがビルドされています．

● 便利ツール「マイコン・モニタ」
　第6章Appendixで紹介するモータ制御の状態（マイコン中の変数値）をモニタするツール「マイコン・モニタ」の実行ファイルと，ソースコードがダウンロード可能です．

　このプログラムのビルド環境はBorland C++ Builder 5です．

本書の読み方

編集部

　第1部では，本書で取り上げるブラシ付きDCモータ，ステッピング・モータの2種類の位置付けを理解してもらうために，小型モータ全体について解説しています．

　モータというと，電池を繋ぐだけで動く模型用のモータを思い浮かべる方が多いかもしれません．ところが，世の中にあるモータには大変多くの種類があります．大きなものでは，揚水発電所の発電機兼電動機があります．直径数mと巨大で，国内最大という神流川揚水発電所の発電電動機は470MW出力です．船のスクリューの駆動や製鉄所での圧延用などには，数十MW以上の電動機が使われています．逆に小さなものでは，直径3〜4mm，長さ10mm前後で0.1W程度の電力を扱うモータが入手できます．腕時計のモータはさらに小形です．研究レベルでは，半導体の製造プロセスを使ってμm未満のモータも作られています．

　そんな幅広いサイズのあるモータのうち，本書で扱うのは，数W〜数十W程度の小型モータです．産業機器，模型，ロボットなどによく使われるサイズです．

　小型モータは，動作原理や特徴の違いから，何種類ものモータがあります．それぞれ，特徴が異なり，中には専用の駆動回路と組み合わせないと動かすことすらできないものがあります．本書で取り上げる2種のモータは，比較的入手しやすく，動かしやすく，かつ制御しやすい種類です．

　本書で解説するモータが，自分の用途にあっているのかを把握できます．小型モータ全体の把握にも使えます．

　第2部では，ブラシ付きDCモータの詳細と制御方法について解説します．電池を繋げば動く模型用モータの大半は，このブラシ付きモータです．これをマイコンからコントロールしたいという用途は多いのではないでしょうか．

　このモータは，電圧を上げ下げするだけで回転速度を上げ下げできるので，可変にするのは簡単です．本書では，さらに回転や位置を目的値にぴったり合わせるにはどうしたらよいかを解説します．

　いわゆる産業用のモータを例題としています．回転速度を検出するセンサがモータとセットになっていて，扱いやすいためです．基本を理解すれば，他のモータへの応用も可能です．

　第3部では，ステッピング・モータの詳細と制御方法について解説します．第2部とつながりはないので，第2部を飛ばして，ここだけを読むことも可能です．

　ステッピング・モータは，位置を保持すること，一定角ずつ動くことが基本動作という特殊なモータです．ブラシ付きDCモータで位置制御をするには，センサの信号を受け取る制御回路が必要でした．それに対しステッピング・モータは，駆動回路だけで，一定角ずつ，あるいは一定速度で動かせます．

　ステッピング・モータは，モータ自体に角度を決める機能があるので，モータの選択が重要です．そこで，原理と仕様について詳しく解説しています．仕様の読み取りかたを把握しておけば，目的に合致するステッピング・モータを選べるでしょう．

　実験用パルス発生器のプログラムは，自分でステッピング・モータの制御プログラムを作るときの参考になるでしょう．

目次

第3部　ステッピング・モータのマイコン制御術
～指示した回転速度でバシッと停止

第1章

分類と用途

本書で扱うモータとその応用

　私たちの身の回りでは，小型モータが物を動かすための動力源としてたくさん使われています．正確な回転を必要とするもの，すばやい動きや複雑な動きを必要とするものなど，さまざまなタイプがあります．最近では，モータの駆動に電子回路を使っていろいろな制御を加え，多彩な動きを実現しているものも増えています．

　モータは，電気エネルギーを機械エネルギーに変換して力を生み出す電子部品です．希望する動きを実現するには，基本的なしくみや特性を十分に理解して，適した駆動方法や制御方法を採用する必要があります．

　本書では，現在制御用にたくさん使われているモータのうち，ブラシ付きDCモータとステッピング・モータを中心に，その基礎知識から制御技術までを説明します．

　本章では，アクチュエータとしてのモータの位置付け，制御用モータの種類と特徴などを説明します．モータの構造やしくみの詳細は，次章以降で詳しく解説します．

1-1 アクチュエータとモータ

■ 本書で扱うモータは制御用

　物を動かすしくみは，従来は機械と呼ばれ，それを担う技術は主として「機械屋」と呼ばれるメカニカル・エンジニアが中心の仕事でした．動力源は，ほぼ定速度で回転する比較的大きなものが一つです．減速機構やクラッチ機構などのメカニカルな手段でいくつかの部分へ動力の伝達，あるいはしゃ断を行うのが一般的でした．

　時代とともに要求される機械の動きが高度になり，かつ動力源に用いられる電動機(以下モータと呼ぶ)の技術も進歩してきました．それによって，変速が必要なときは，モータそのものの速度を直接制御で変える方式や，必要な箇所ごとに複数のモータを分散配置する方式などが採用されてきました．このような機械に用いられるタイプを，一般に制御用モータと呼びます．

　制御用モータは，電源に直接接続して駆動するのではなく，電子回路を使って駆動と制御を行います．したがって，「回路屋」や「制御屋」と呼ばれる人たちの技術が必要です．もちろんモータを使用する

装置には機械屋の技術が，制御用モータ自体には「電気屋」あるいは「電気機械屋」の技術が必要です．また，制御にはセンサを必要とするので「センサ屋」の技術も，さらに制御には一般にコンピュータ技術を用いるので，「ハード屋」あるいは「ソフト屋」が関係します．

　このようにして構成されたシステムをメカトロニクスと呼びます．それぞれのエンジニアが，互いに各分野にまたがったいわゆる学際的分野を理解することを心がけることにより，より良いメカトロニクス・システムを完成させることができます．

● アクチュエータとは

　物（物体）には必ず質量があり，質量のある物体を動かすときには慣性の法則により加速するための力が必要です．動いているものを減速したり止めたりするときにも，慣性の法則により減速するための力が必要です．

　また，質量のある物を支えるには支持機構が必要で，そこには摩擦抵抗や粘性抵抗が発生し，それらに逆らって物を動かすための力が必要です．摩擦抵抗や粘性抵抗は努力して減らすことが可能ですが，質量を小さくすることはなかなか難しく，物を動かすには質量や加速度に応じた力が必要です．

　物を動かすときに必要な力を発生する部品または装置をアクチュエータと呼びます．**図1-1**に示すように電動アクチュエータ，空気圧アクチュエータ，油圧アクチュエータの3種類が代表的なものです．

　電動アクチュエータが力を発生するには電源からエネルギーを供給する必要があります．電動アクチュエータは，電源として商用電源やバッテリなどを利用でき，エネルギーの伝達を電線で行えるので使

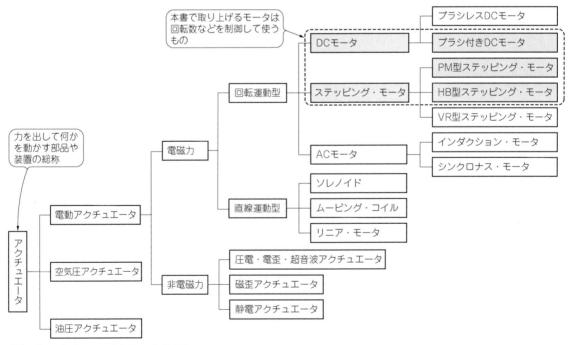

〈図1-1〉アクチュエータとモータの関係
代表的なアクチュエータは電動アクチュエータ，空気圧アクチュエータ，油圧アクチュエータの三つ．モータは回転運動型のアクチュエータに分類される

いやすく，エネルギーのコントロールを行うときに，電気・電子制御系とのインターフェースが行いやすいというメリットがあります．

　電動アクチュエータは，力の発生原理から，電磁力を用いたものと非電磁力のものに分けられます．非電磁力とは，圧電・磁歪・静電気などの電磁力以外の力を利用するもので，特定の分野ですでに使われており，今後の発展も期待されています．現状は電磁力を用いたアクチュエータが，圧倒的に多く用いられています．

● 回転運動型と直線運動型がある

　電動アクチュエータは，基本となる動力の発生形態から回転運動型と直線運動型に分けることができます．

　回転運動型アクチュエータの力を発生する機械はほぼ回転機です．以下本書では一般的な呼び方に従い，モータという言葉を主に回転機の意味で使います．

　モータの最大の特徴は，回転力すなわちトルクの発生機構部分を回転中連続的に繰り返し利用する構造にあります．寸法や質量の割に直接の駆動力は小さくなりがちなものの，発生力の利用効率がよく，高速で回転させれば高出力も得られます．ギヤなどの減速機構を利用すれば，負荷に適合した駆動力と回転速度を取り出すことが可能です．さらに，直線運動変換機構を組み合わせて，直線運動型アクチュエータを実現することもできます（p.22のコラム参照）．

　このような理由から，回転運動型のモータのほうが使いやすく優れたアクチュエータとしてさまざまなアプリケーションに使われています．

▶ モータの分類

　モータは**図1-1**に示すように，
　(1)直流電源で駆動するDCモータ
　(2)パルスで駆動するステッピング・モータ
　(3)交流電源で駆動するACモータ
に分けられます．この分類にあてはめにくいモータもいくつかありますが，この図では省略しています．

　この中で，特に制御用途に使われるモータは，
　(1)ブラシ付きDCモータ
　(2)ブラシレスDCモータ
　(3)ステッピング・モータ
です．これらを制御用モータ（control motor）と呼びます．

　この制御用モータの3種類は，いずれも永久磁石を用いたモータです．永久磁石に蓄えられた磁気エネルギーを利用するので，エネルギー効率のよいアクチュエータです．

1-2 DCモータが使われているところ

● DCモータにはブラシ付きとブラシレスがある

▶ ブラシ付きDCモータ

　起動トルク（モータが動き始めるときの力量）が大きく，正回転や逆回転の制御も容易で，コストもかからないため，小さなものから大きなものまでさまざまな種類があり，一般に広く使用されています．

▶ブラシレスDCモータ

　その名のとおりブラシを使用しないDCモータです．基本的な特性はブラシ付きDCモータと同じです．加えて，ブラシによる磨耗が発生しないため，稼働時間の長いシステムや信頼性が求められる分野に使用されています．価格はブラシ付きDCモータより高くなります．本書ではブラシレスDCモータは扱いませんが，応用範囲はブラシ付きDCモータと重複する部分も多いので，ここでは両方を紹介します

*

　DCモータ以外にはステッピング・モータやACモータなどがあり，求められるシステムに応じて使い分けられています．次に，どのような用途にモータが使われているのかを見てみましょう．

■ 自動車[1]

● キーレス技術

　最近の自動車は，キーを差し込まなくてもキーに付属したリモコンでドアの開錠や施錠ができます．リモコンからの指令により，ドアの中にしくまれたオート・ロック機構が動作しているからです．この機能にはモータが入っており，その働きによって施錠/開錠をしています（**図1-2**）．

● パワー・ウィンドウ

　スイッチ操作でウィンドウ・ガラスの昇降を行うパワー・ウィンドウには，ドアに組み込まれたウィンドウ・レギュレータ[2]と呼ばれる機構の中にモータが使われています．**図1-2**はワイヤ式（またはケーブル式）ウィンドウ・レギュレータ[3]の例で，ほかにもアーム式[4]があります．

● 電動ドア・ミラー

　運転席からのスイッチ操作により，車の両サイドに取り付けてあるミラーの向きを変えたり，格納したりできます．この機能も，モータにより実現されています（**図1-2**）．

　そのほかにも，ワイパーや運転席の位置を調整する機能などに何十個ものモータが自動車の中で動いています．これらをパワー・アシスト機能と呼びます．人の手でできることを，モータの力を利用してより簡単かつ便利にするわけです．

　これらは自動車の走行機能とは関係ないので，走行中はこのための機構やモータの重量を無駄に運んでいることになるため小型・軽量化が望まれます．

■ 自動ドア

　ほとんどのビルや店舗の入り口には，自動ドアが設置されています（**図1-3**）．日本の自動ドアの普及率は非常に高く，あちこちで見かけます．自動ドアは，パワー・アシスト機能をより自動化・高機能化したもので，その動作は複雑です[5]．

　① 人が来たことを人体検出センサで検知する
　② 歩行速度を緩めなくても済むように速やかにドアを開く
　③ ドアが開端に近づくと減速する
　④ 全開点では衝撃なく静かに停止する
　⑤ 人が通過したら少し時間をおいて，ドアを閉め始める

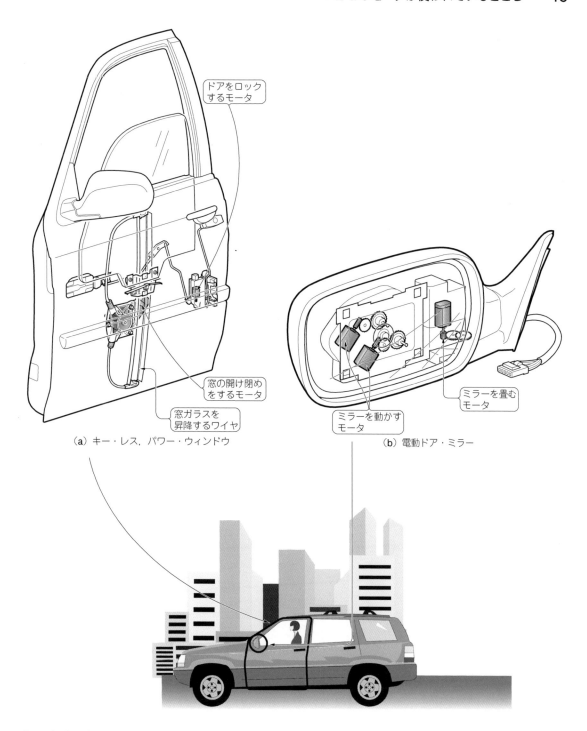

ドアをロック
するモータ

窓の開け閉め
をするモータ

窓ガラスを
昇降するワイヤ

（a）キー・レス，パワー・ウィンドウ

ミラーを動かす
モータ

ミラーを畳む
モータ

（b）電動ドア・ミラー

〈図1-2〉 **自動車のドアやミラーに使われているモータ**（提供マブチモーター）
ドアの中にはキー・レス用のモータやパワー・ウィンドウ用モータが，ドア・ミラーの中には角度調整用モータとミラーを格納する
モータがある

⑥　途中で人や障害物を検知したときは即時に開き，③へ戻る

⑦　閉端に近づくと減速する

⑧　全閉点では衝撃なく静かに停止する

この一連のシーケンスを自動的に行っています.

重いドア（一般に100～200kgの質量）を素早く動かしたり停めたりするため，大きな加速・減速ができる力が必要であり，また低速から高速まで滑らかな走行が必要なので，起動トルクが大きく速度制御がしやすいDCモータが使用されます.

■ DVDプレーヤ

CDプレーヤで音楽を聞いたり，あるいはで映像を楽しむときもモータが使われています（**図1-4**）.

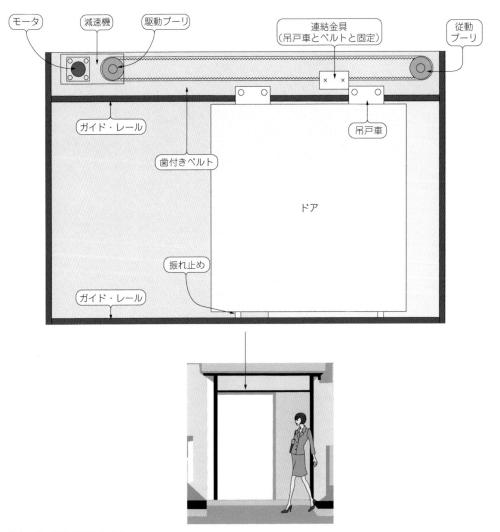

〈図1-3〉自動ドアのしくみ

● **ディスクをプレーヤに入れる──ローディングとアンローディング**

プレーヤにCDやDVDを入れる際，開閉ボタンを押すとディスクを載せるトレー部が電動で飛び出してきます．そこにディスクを載せると，トレーが引き込まれ自動的にディスクが装着されたり，手で少し加勢すると自動的に閉じたり引っ込んだりするものがあります．

トレーを出し入れするときの動きもモータで実現しています．モータの回転をラック・アンド・ピニオン（コラム参照）で直線運動に変換しています．この動作は単純で稼働時間も短く，ディスクの出し入れの総回数を考慮してもブラシの磨耗は問題にならないため，低価格で種類の豊富な小型のブラシ付きDCモータが使われています．

● **ディスクを回転させる**

音楽や映像を楽しむメディアの一つであるCDやDVDは，ディスクを回転させて情報を読み出す必要があります．

一般的な音楽CDやDVDはCLV方式[注1-1]です．そのディスクを回転させるモータをスピンドル・モータといいます．スピンドル・モータは，主にブラシ付きDCモータとブラシレスDCモータの二つに分かれます．CD/DVDプレーヤといった再生専用機にはブラシ付きDCモータが，Blu-ray/DVDレコーダなどの録画再生機には，情報の読み出し／書き込み時間の短縮のため，より高速回転が可能なブラシレスDCモータが使用されています．

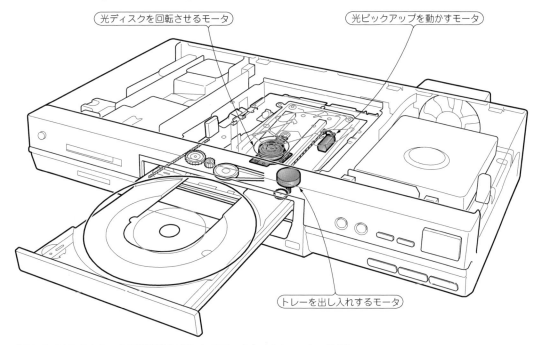

〈図1-4〉DVDのトレーや回転制御に使われるモータ（マブチモーター提供）

注1-1：CLV（Constant Linear Velocity；線速度一定）方式では，ディスクの記録密度が内周と外周で一定のため，データを一定速度で読み出すためには回転速度を細かく制御する必要がある．しかし，CAV（Constant Angular Velocity；角速度一定）方式より記憶容量は大きくなる．

ブラシ付き，ブラシレスのどちらのモータも音楽・映像再生の妨げとなる振動や雑音（電気ノイズも含む）は充分抑えられ遜色ありません．すみ分けの基準は，必要とされるディスクの回転数になります．

ただし，ポータブル・タイプの再生専用機の場合は，より薄くするために，薄い形状が可能なブラシレスDCモータが多く使用されます．

● 光ピックアップのスキャニング動作

CDやDVDを回すだけではデータを読み込めません．トラックのデータを読み出すために，光ピックアップの位置を回転に合わせてディスクの中心側から外周側へ直線的に移動させる必要があります．

この直線運動には，ラック・アンド・ピニオンやリード・スクリューなどの回転・直線運動変換機構（コラム参照）とブラシ付きDCモータ，あるいはブラシレスDCモータの組み合わせが用いられています．ピックアップの動きに同期して，CLV動作のためにスピンドル・モータの回転速度も変化します．また，ディスクのトラックを移動させたり，ランダム・アクセスしたりするときは，選ばれたトラックに応じてスピンドル・モータの回転速度も追従して変わる必要があります．

ディスクが回転すると，情報が記録されたトラックはディスクの反りや偏心によって上下や左右に振れてしまいます．そこで光ピックアップには，対物レンズを上下・左右に動かすための2軸のリニア・アクチュエータ[6]が組み込まれており，フォーカス（上下）とトラッキング（左右）の制御をピックアップからの信号を用いて構成しています．

■ ハード・ディスク[7]

パソコンに欠かせない記憶媒体として，ハード・ディスク・ドライブ（HDD）があります（**図1-5**）．この中でモータが高速に回転していることは皆さんもご存知でしょう．

● HDD（Hard Disk Drive）

コンピュータの大容量外部メモリとして普及しているHDDは密閉された構造のため，動いているようすを見ることはできません．しかし，内部ではディスクが高速に回転し，それに合わせてアクセスするヘッドが盛んに動いています．

HDDはCAV方式[注1-2]で，スピンドル・モータの回転速度は，4200/5400/7200/10000/15000rpmなどがあります．HDDの稼働時間は非常に長く，スピンドル・モータの期待寿命も普通5万時間以上（ちなみに1年間は8760時間）と長いため，ブラシレスDCモータが使用されています．

HDDのヘッドは非常に速い動きが要求されます．回転型のモータと回転・直線運動変換機構の組み合わせでは実現が難しいため，よりシンプルな機構のスイング・アーム方式を採用して，円弧運動の一部を直線運動に変えています．

スイング・アームの後端に，アクチュエータ[注1-3]部を直結してスイング（揺動）動作を行います．アームと一体に取り付けられたコイルの2辺が永久磁石のN極とS極の上に来るように配置されています．コイルは磁界中で同一極内に限り移動できます．これは可動範囲の狭いムービング・コイル型の揺動型アクチュエータです．

■ プリンタ

インクジェット・プリンタの構造を**図1-6**に示します．

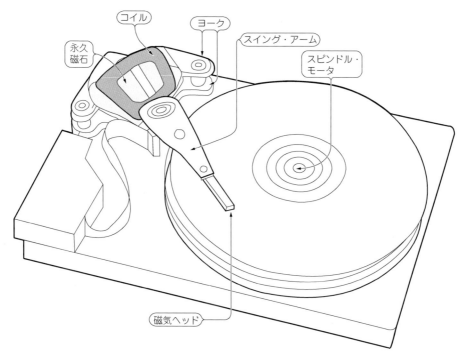

永久
磁石

コイル

ヨーク

スイング・アーム

スピンドル・
モータ

磁気ヘッド

〈図1-5〉HDDのヘッド・アクセス用のアクチュエータ[6]

　インクジェット・プリンタは，ドット・マトリクス方式を採用しています．文字や画像を細かな点(ドット)に分解し，プリント用紙の横方向(主走査と呼ぶ)へプリント・ヘッドを移動させながらライン上にインクの細かい粒を吹き付けます．縦方向(副走査と呼ぶ)に1ピッチ用紙を送り，同じ操作を繰り返して用紙全面に印刷を行います．

　副操作を1ラインごとに行うと印刷時間が長くなるため，実際にはマルチノズル・インクジェット・ヘッドというノズル数の多いプリント・ヘッドを使用します．仕様書を見ると，ノズル数512(256×2)などの記載があります．これは，1走査で512ライン印刷されるという意味です．

　インク・ヘッドを移動させるにはブラシ付きDCモータを用いた巻き掛け伝導(コラム参照)が，用紙の送りにはブラシ付きDCモータを用いたローラ駆動が使われています．いずれも送り量の位置センサが必要なので，角度変化を検出できるインクリメンタル・エンコーダ内蔵のモータを使用するか，送り機構の一部にエンコーダを取り付けます．

　印刷解像度の低いプリンタやFAXには，ステッピング・モータも多く使われています．

■ 電動工具

　昔，電動工具は，プロだけが使う高価な道具でしたが，最近は日曜大工用の廉価版もあります．また，従来の電動工具は商用電源(AC電源)を用いるのが普通でしたが，最近はニッケル水素蓄電池やリチウ

注1-2：CAV(Constant Angular Velocity；角速度一定)方式とは，ディスクの回転速度が常に一定であるため，内周に比べ外周の記録密度が低くなる．CLV方式より記憶容量は小さくなるが，ランダム・アクセス性能やデータの読み書き速度では優れる．
注1-3：エネルギーを物理的な運動に変換する機構をアクチュエータ(actuator)という．モータ以外には，油圧シリンダなどがある．

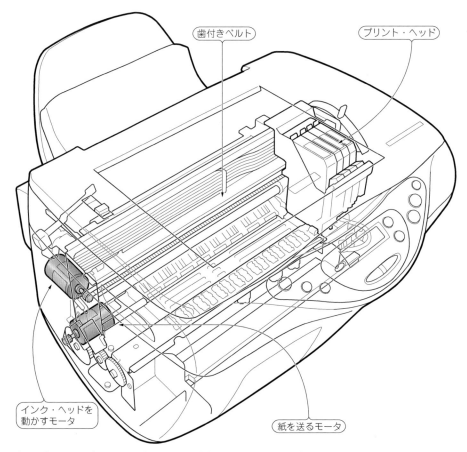

歯付きベルト

プリント・ヘッド

インク・ヘッドを
動かすモータ

紙を送るモータ

〈図1-6〉インクジェット・プリンタの機構(提供マブチモーター)

ム・イオン蓄電池などの充電式電池を使用したコードレス・タイプに進化しています.

　代表的な電動工具として,充電式電動ドリル・ドライバを見てみましょう(**図1-7**).回転方向の切り換えや回転速度の調節,締め付けトルクの設定などの機能があります.大きな起動トルクが必要なので,ブラシ付きDCモータと遊星歯車機構の組み合わせが一般的です.しかし,プロ用は高頻度動作かつ長稼働時間が要求されるので,ブラシレスDCモータを採用して信頼性を上げています.

■ 走行型ロボット

　R/C(Radio Control;無線操縦)カーやマイクロマウス(自立走行型迷路探索ロボット),ライン・トレース・カー,相撲ロボットなど,走り回るものにも使われています(**写真1-1**).

　走行体の基本的なメカニズムは,左右の駆動輪をモータで駆動して走らせます.別のアクチュエータを用いて旋回軸の角度を変える1モータ駆動方式と,左右の駆動輪を別々のモータで駆動して方向を制御する2モータ駆動方式があります.

　走行速度の速いR/Cカーや大きな駆動力の必要な相撲ロボットにはブラシ付きDCモータが使われ,マイクロマウスやライン・トレース・カーでは,その走行速度に応じてブラシ付きDCモータやステッ

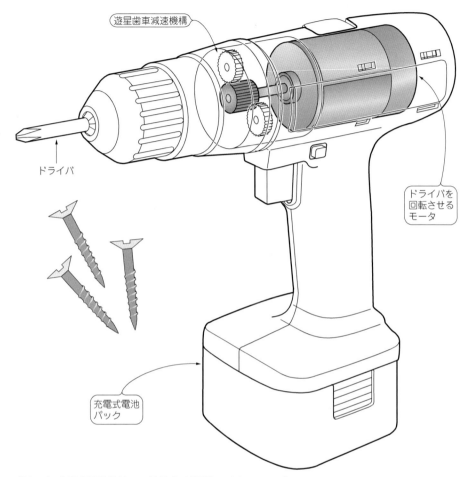

遊星歯車減速機構

ドライバ

ドライバを
回転させる
モータ

充電式電池
パック

〈図1-7〉**充電式電動ドリル・ドライバ**(提供マブチモーター)

ピング・モータが使われています.

■ RCサーボ

　R/CカーのステアリングやR/Cプレーンのスロットル，ラダー，エレベータなどの各サーボに使用するモータは，R/Cサーボと呼ばれています(**写真1-2**).　小さな箱の中に小さなブラシ付きDCモータと減速歯車機構，位置センサ用ポテンショメータ，制御回路が組み込まれており，回転角出力の位置制御用アクチュエータとしては非常に小型です.

　プロポと呼ばれるR/C送信機からの命令信号の電波を受信機で受信し，受信機からの制御信号出力をR/Cサーボで受け，出力軸の機械的回転角度を変えることで，上記の各サーボに対して位置の比例制御ができます.

　ほかにも，人型ロボット(**写真1-3**)の関節用アクチュエータなどに転用されています.　これはロボット専用に高トルク化されたり，ロボットに適したコマンド方式などの新しい制御方式を採用したものへと発展しています.

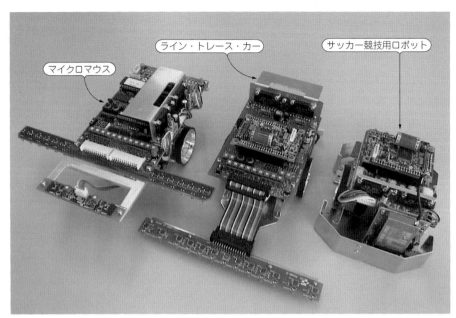

〈写真1-1〉ライン・トレース・カーと相撲ロボット（エフテック）(8)

　小型・高トルクで，制御しやすいものとしてブラシ付きDCモータが使われていますが，最近は一部でブラシレスDCモータの採用も始まっています．

■ 冷却ファン

　ファンやブロワなどは，モータを使用して空気という物体（気体）を動かし，その流量や圧力を利用するものです（**写真1-4**）．主な用途は冷却用です．パソコンやそのほかの事務機器のきょう体に取り付けられたクーリング・ファンや，局部的な冷却を行うCPUファンなどがあります．騒音や汚れの問題で敬遠されながらも，これに勝るよい冷却手段がなかなかないため使われ続けています．温度が低いときに冷却ファンが回っているのはエネルギーの損失であり，騒音上の問題もあるので，温度センサでファンのON/OFFや速度調節を行うこともあります．

　冷却ファンの回転速度が低下したり停止したりすることは，冷却システムにとって大変大きな問題です．ファンの回転を検出してファン・センサ信号として取り出し，これを利用してシステムとして対策を施したりします．

　ファン・ブロワには，流量効果と圧力効果があり，流路抵抗が高い場合は高い圧力が必要です．一般に，ファンよりブロワのほうが高圧力の用途に向いています．

　冷却用以外にも，エアコンや換気扇の冷気や暖気，乾燥機の温風，冷蔵庫内の冷気，または扇風機やドライヤなど，空気の移動効果は非常に広い分野で使われています．

　コンピュータ用の冷却ファンは，ブラシレスDCモータが大半です．これまで，家電用のファン類はインダクション・モータが主流でしたが，省エネや変速のため次第にブラシレスDCモータの採用が増えています．寿命の点から，ブラシ付きDCモータが使われることは稀です．

（a）外形

このギアはモータ
の軸についている

（b）内部

〈写真1-2〉R/Cサーボの外形と内部のようす（KRS-
2552HV，提供近藤科学）[9]

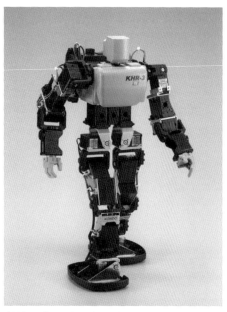

〈写真1-3〉人型ロボット（KHR-3HV-2，提供近藤
科学）[9]

〈写真1-4〉クーリング・ファンとブロワの例（提供日本電
産サーボ）

〈写真1-5〉携帯電話のブルブルという振動はモータで作ら
ていれる

■ 回転運動を直線移動に変えるには

回転運動型のアクチュエータであるモータと回転-直線運動変換機構を組み合わせると，回転運動を直線運動に変換できます．代表的な回転-直線運動変換機構は次の3種類です．

● 送りねじ機構〔リード・スクリュー，図1-A (a)〕

ナットが回転しないように固定してねじを回すと，ナット部が直線的に動きます．つまり，ねじの回転運動をナットの直進運動に変換できます．軽負荷の用途では滑りねじ方式を使用し，高負荷で高精度の用途では，ねじとナットの接触面にボールを配したボールねじ方式を採用します．ボールねじは転がり摩擦のため摩擦係数が小さく，滑りねじに比べて高い伝達効率が得られます．

滑りねじ方式は，3.5インチのFDD（フロッピ・ディスク・ドライブ）の磁気ヘッドや光学ディスク・ドライブの光学ヘッドの直線運動（写真1-A）に，ボールねじ方式は工作機械や産業用ロボットなどに使われています．

● ラック・アンド・ピニオン〔図1-A (b)〕

平歯車の組み合わせで回転を直線運動に変換します．ピニオン（小径の歯車）が回転すると，ラック（直線的に歯が並んだもの）は直線的に動きます．構造が簡単で使いやすく，歯車もラックもプラスチック・モールドなどの金型で作ることが可能で，安価なことが利点です．

CDやDVDプレーヤのトレーのスライド部分など，比較的高精度を要求されない部分に多く使われていますが，光ピックアップのスキャニング動作に使っている例もあります（写真1-B）．

● 歯付きベルト〔巻き掛け伝動，図1-A (c)〕

歯付きベルトは，ベルトとプーリ（滑車）の組み合わせで，プーリの回転をベルトの直進運動に変換する機構です．ベルトとプーリに歯型を設け，歯を噛み合わせて運動を伝達することにより滑りのない伝動ができます．伝達効率が大きく，軽量で潤滑が不要という特徴があり，バック・ラッシ注1-Aがないので位置決め精度も高くなります．

モータ軸に位置センサを取り付ければ，モータ軸から移動物体まで正確に位置を伝達できます．このため，プリンタのヘッドの移動や自動ドアなどに使用されます．高いトルクの伝達が要求される用途では，ベルトの抗力を上げるた

■ 電動歯ブラシやシェーバ

携帯電話のマナー・モード時の着信を知らせるブルブルという振動を発生するのもモータです（写真1-5）．本来なら，モータは振動や騒音を発生しないように作られるものですが，振動モータは出力軸に偏荷重（分銅）を取り付け，モータの回転で振動を発生させています．ブラシ付きDCモータが使用されていますが，一部ではブラシレスDCモータにしたものやモータ以外の方式の開発例などもあります．

この技術は，振動機能付きの電動歯ブラシやシェーバなどにも応用されています．

注1-A：歯車などにおいて，機構がスムースに動けるように意図して設けられた隙間．

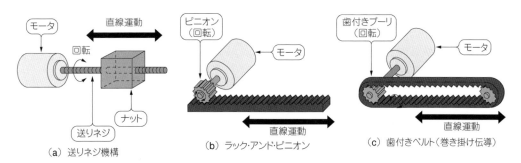

（a）送りネジ機構　　（b）ラック・アンド・ピニオン　　（c）歯付きベルト（巻き掛け伝導）

〈図1-A〉回転‐直線運動変換機構

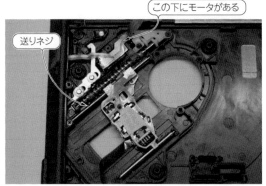

〈写真1-A〉リード・スクリューの例（CD/DVDドライブ）

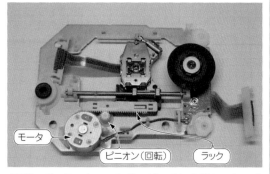

〈写真1-B〉ラック・アンド・ピニオンの例（CDドライブ）

め，強度の高い繊維や鋼線などをベルト内部に埋め込んだりします．自動車やオートバイのエンジン部品で使用されるタイミング・ベルトも歯付きベルトの代表的なものです．

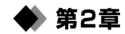

電磁力を回転運動に変えるしくみ

モータはどうして回るの？

モータを実際にうまく回すには，モータの構造や動作，駆動方法や制御方法などを理解する必要があります．ここでは，モータの動作原理の基本を整理します．

2-1 モータを回している力

● **モータは電磁力を介して電気的エネルギーを機械的エネルギーに変換する**

モータ(motor)という呼び方が定着していますが，学術的には電動機(electric motor)と呼びます．電動機は，電磁力(electromagnetic force)，つまり電流(electric current)と磁界または磁場(magnetic field)の相互作用によって生じる力を利用して，電気的エネルギーを機械的エネルギーに変換する装置です．

電磁力を理解するには，その基本となる電磁気学(electromagnetic theory)を学ぶ必要があります．しかし，現象自体が目に見えない，高度な数式が多用される，法則が多く相互関係がよくわからない，取り扱われる量や単位について概念や単位系が難解であるなど，その理解は容易ではありません．

● **モータは3種類の電磁力で回る**

モータを回す源となる力には**表2-1**に示す3種類あります．

③が一般的にいう電磁力で，モータの回転する源となる力だと解説されることは多いのですが，厳密に③だけを使ったモータは限られます．本書で扱うDCモータやステッピング・モータでは，①や②を利用していると考えれば，分かりやすくなります．

原理①と②は，磁石が永久磁石だけの場合には電磁力とは言えませんが，電磁石を組み合わせた場合には，これらも電磁力と考えられます．

〈表2-1〉モータ内部で発生する三つの力

	発生場所	内　容
①	磁石の磁極と磁極の間に働く力	磁石の異極どうしが引き寄せられる力．同極どうしは反発し合う
②	磁石の磁極と鉄の間に働く力	磁石の磁極に鉄片を近付けると，鉄片が引き寄せられる力が発生する
③	磁界中の電流に働く力	磁石の近く（磁界の中）にある電線に電流を流すと，電線（電流）に力が働く

2-2 磁界を発生させる「磁石」のふるまい

■ 磁石と磁界

● 磁界が発生しているようす

　磁石には，永久磁石(permanent magnet)と電磁石(electric magnet)があります.

　身近な永久磁石として，**写真2-1**のような棒磁石を例にして，磁石の働きを考えます. 棒磁石の周りに鉄粉を置くと，**写真2-2**のように，特に棒磁石の両端部に多く鉄粉が引き寄せられます. この部分を磁極(magnetic pole)と呼びます. 鉄粉の様子から，**図2-1**のように磁極から周りの空間に，目には見えない何か力を及ぼすものが出ていると考えます. これを磁力線(magnetic line of force)と呼びます. さらに，これによって周りの空間に磁界(または磁場)ができていると考えます. 磁界の強さHは，その点の磁力線密度で表し，SI単位ではH[A/m]です. 一方の磁極(N極とする)から出た磁力線は，他方の磁極(S極とする)に必ず戻ります. N極とS極は必ず対になる性質があり，どちらか一方のみの磁石はありません.

　図2-2(a), (b)のように，この磁石に別の磁石の磁極を近付けると，引き寄せられる場合と反発される場合があることが確認できます. 異極同士は引き寄せられる力，同極同士は反発し合う力が発生します.

　一方，この磁石の磁界内に鉄片を近付けると，鉄片が磁石に引き寄せられます. このときには，**図2-3**のように磁石のN極に近い鉄片の端に新たなS極が，遠い端には新たなN極が生じ，原理①と同様に，これらの磁極と磁石の極との間に吸引力が発生すると，電磁気学では説明しています. このように磁界内に置いた物質が磁気を帯びることを磁化(magnetizing)，そして物質が磁化され新たな磁極が誘導される現象を磁気誘導(magnetic induction)と呼びます.

　以上のように，磁極と磁極または磁極と鉄の間には，磁界の働きによって吸引力や反発力が発生します.

▶磁力線と磁束

　磁気の現象を，上記のように磁力線で考える方法と磁束(magnetic flux)で考える方法があります. 磁力線の束を**磁束**[Wb]と考え，その密度を磁束密度(magnetic flux density)Bとします. Bの単位は[Wb/m^2]で，これには固有の名称テスラと記号[T]が定められています. 磁束密度Bと磁界Hとの関係を整理すると**表2-2**のようになります.

〈写真2-1〉　永久磁石

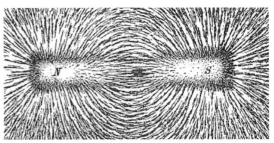

〈写真2-2〉[(1)]　鉄粉を利用すると磁力線を可視化できる

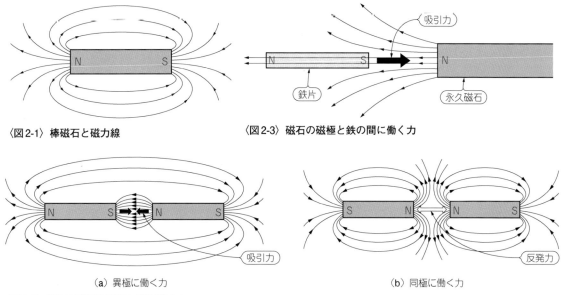

〈図2-1〉棒磁石と磁力線

〈図2-3〉磁石の磁極と鉄の間に働く力

（a）異極に働く力

（b）同極に働く力

〈図2-2〉磁石の磁極と磁極の間に働く力

〈表2-2〉磁気の現象を表す「磁束」と「磁力線」の関係

媒　体	考え方	物理量	単　位	透磁率 μ を介した関係
磁束	m[Wb]の磁極から，媒質にかかわらず m 本の磁束が出る	磁束密度 B	$[\mathrm{T}]=[\mathrm{Wb/m^2}]=[\mathrm{N/(A \cdot m)}]$	$B=\mu H=\mu_0 \mu_s H$
磁力線	m[Wb]の磁極から，透磁率 μ の媒質中では m/μ 本の磁力線が出る	磁界の強さ H	$[\mathrm{A/m}]$	μ の単位：$[\mathrm{H/m}]=[\mathrm{N/A^2}]$

　ここで μ は媒質の透磁率（magnetic permeability）で，磁気の通りやすさ（磁化されやすさ）を表しています．μ_s は透磁率 μ と真空の透磁率 μ_0 の値との比率で，比透磁率（relative permeability）と呼ばれ，次式のようになります．

$$\mu_s = \frac{\mu}{\mu_0} \qquad \therefore \ \mu = \mu_0 \mu_s \cdots\cdots\cdots\cdots\cdots\cdots\cdots\cdots\cdots\cdots\cdots\cdots\cdots\cdots\cdots\cdots (2\text{-}1)$$

● 磁石や磁石と一緒に使われる材料

　磁界の中に置かれると磁化する物質のことを磁性体といいます．永久磁石や鉄はいずれも磁性体です．広い意味では，あらゆる物質は磁性体としての性質を持っています．そのうち特に強く磁化されるものを強磁性体（ferromagnetic substance）といい，わずかな影響しか受けないものを弱磁性体といいます．

　強磁性体には，性質の異なる硬質磁性体（hard magnetic substance）と軟質磁性体（soft magnetic substance）があります．

　硬質磁性体は，外部から強力な磁界を加えて磁化したとき，外部磁界を除いても大きな残留磁気が残り永久磁石になる永久磁石材料で，アルニコ磁石，フェライト磁石，希土類磁石などがあります．永久磁石は，外部からエネルギーの供給を受けることなく磁石としての性質を保持し続ける物体で，省エネ

〈表2-3〉[(2)]　素材の比透磁率（μ_s）

大分類	物　質	比透磁率（μ_s）
非磁性体	真空	1.0
	空気	1.0000004
	アルミニウム	1.00002
	銅	0.999991
	銀	0.99998
磁性体（軟質磁性体）	コバルト	～ 250
	ニッケル	～ 600
	鉄	～ 5000
	パーマロイ類	105 ～ 106

の観点からも非常に優れた材料として，モータにとって重要な材料です．

　軟質磁性体は，外部磁界に対して容易に磁化されますが，外部磁界を取り除くと残留磁気がほとんど残らず消えてしまいます．代表的な材料「軟鉄」は，磁化されやすさを示す透磁率（magnetic permeability）μ が非常に大きく磁気が通りやすい物質です．

　参考までに**表2-3**にいろいろな物質の比透磁率を示します．強磁性体は鉄，ニッケル，コバルトおよびその合金類で，それ以外の物質は $\mu_s \fallingdotseq 1$ と見なせます[(2)]．そこで強磁性体を単に磁性体，それ以外を非磁性体と大まかに分けて呼ぶこともあります．

＊

　以上のように，硬質磁性体と軟質磁性体は，どちらも強磁性体の仲間ではあっても全く性質の異なる磁性材料です．

● 起磁力は電圧に，磁束は電流に相当する

　鉄の「磁束が通りやすい」という性質を利用すると，必要なところに磁束を導くことができます．

　図2-4は平行磁界を発生させる仕組みの例で，永久磁石が発生する磁束を，鉄を利用して空隙（air gap，磁性体のない部分，ここでは空間）部まで導き，先端部に磁極を発生させて（誘導して）います．このような働きをする鉄の部分をヨーク（yoke：継鉄）あるいはポール・ピース（pole piece：磁極片）と呼びます．

　永久磁石の起磁力を電圧に，磁束の流れを電流に対応させると，磁束の流れる部分を磁路とする磁気回路（magnetic circuit）と見なすことができ，等価的に電気回路のように扱うことができます．ただし，電気回路の電流は絶縁体で遮断できるのに対して，磁気回路の磁束は完全に遮断することができず，磁石，ヨーク，ポール・ピースなど各部分から少なからず空間に磁束が漏れてしまうことが特徴的です．この磁束の漏れを漏れ磁束（leakage flux）といいます．

　ここでは，漏れ磁束はないものとして，永久磁石の起磁力を F_m，磁界の強さを H_m とすると，

$$F_m = \ell_m H_m \,[\text{A}] \quad\cdots\cdots\cdots\cdots\cdots\cdots\cdots\cdots\cdots\cdots\cdots\cdots\cdots\cdots\cdots\cdots \quad (2\text{-}2)$$

となり，これとヨーク部分の起磁力と空隙部分の起磁力の和がバランスします．

$$F_m = 2\,\ell_y H_y + \ell_g H_g \quad\cdots\cdots\cdots\cdots\cdots\cdots\cdots\cdots\cdots\cdots\cdots\cdots\cdots\cdots \quad (2\text{-}3)$$

ヨークと空隙の磁束，断面積，透磁率をそれぞれ ϕ_y，a_y，μ_y，ϕ_g，a_g，μ_0 とすると，

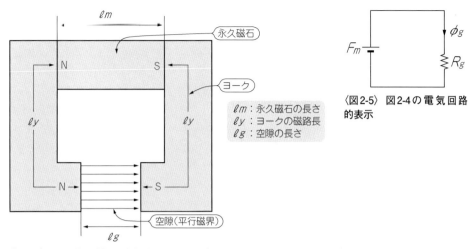

〈図2-4〉**永久磁石磁気回路**（平行磁界の発生）

〈図2-5〉 図2-4の電気回路的表示

$$F_m = 2 \frac{\ell_y}{\mu_y a_y} \phi_y + \frac{\ell_g}{\mu_0 a_g} \phi_g = R_y \phi_y + R_g \phi_g \cdots\cdots\cdots (2\text{-}4)$$

となります. ここで, R_y と R_g は電気回路の抵抗に相当するもので, 磁気抵抗（magnetic reluctance）と呼び, 単位は[H^{-1}]となります.

　一般にヨークの透磁率 μ_y は, 空隙の透磁率 μ_0 に比べて非常に大きいので,

$$R_y \fallingdotseq 0 \cdots\cdots\cdots (2\text{-}5)$$

と見なすことができ,

$$F_m = R_g \phi_g \cdots\cdots\cdots (2\text{-}6)$$

となります. これを電気回路的に表示すると, **図2-5**のようになります.

　モータの磁気回路は, このように磁石, 継鉄, 空隙と透磁率の異なる部分を磁束が通ります. 透磁率が異なっていても同じ値が連続する磁束線のほうが解析に適しているので, 磁束密度を用いて設計や解析を行います. 磁力線の場合は, 透磁率の異なる媒質内で本数が変わるため, 境界面で不連続となり, 扱いにくくなります.

　さらに, 磁束密度の単位テスラ[T]は, 実は機械系の力の単位ニュートン[N]と密接な関係があります. 電流の単位アンペア[A]が, 真空中の平行電流間に働く力[N]で定義されていることから透磁率 μ_0 の単位が定まり, そこから磁束密度の単位[T]と力[N]との関係も導くことができます. すなわち, 磁束密度は電気系と機械系を結び付ける重要な働きをしており, モータの力（トルク）の源であると考えられます.

■ 磁界の強さは電流でコントロールできる

　実は, 電流と磁界はそれぞれ別の物ではなく, 両者の間には密接な関係があります. 前述の磁界の強さ H の単位が[A/m]であるのも, そのためです.

● **直線電流がつくる磁界**

　図2-6のように，長い直線状の導体に電流を流すと，電流の周りに渦巻き状に磁束が発生します．磁束は電流と垂直な平面上で，電流の方向を右ネジの進行方向に一致させたとき，右ねじの回転する方向になります．

● **円形電流がつくる磁界**

　次に図2-7のように，導体を円形のコイルにして電流を流すと，導体の周りの磁束が合成されます．そしてコイルの中に磁束が発生し，ちょうど図2-6の電流と磁束を入れ替えたものになります．

● **ソレノイドがつくる磁界**

　円形コイルの巻き数を増やして，螺旋状に一様に密に何回も巻いたものをソレノイドと呼びます（図2-8）．無限に長いソレノイドのつくる磁場は，磁束の方向は中心軸に平行で，かつソレノイドの内部のいたるところで磁束密度は一定となり，その値は単位長さ当たりの導線の巻き数をnとすると，

$$B = \mu_0 n I \qquad\qquad\qquad (2\text{-}7)$$

となります．

　有限長のソレノイドの場合も，径に比べて長さが長ければ磁束密度は式(2-7)で近似できます．

● **電磁石**

　ソレノイドの中に透磁率の大きな鉄の芯（磁性体）を入れると，この鉄芯部の磁束密度を大きくすることができ，発生する磁束が写真2-1の棒磁石の磁束と同様になります．

　すなわち，コイルに電流を流すことで磁石の働きが実現できることになり，これを電磁石（electric

〈図2-6〉 **直線電流つくる磁界**
（アンペアの右ねじの法則）

〈図2-7〉 **円形電流による磁界**

〈図2-8〉 **ソレノイドがつくる磁界**

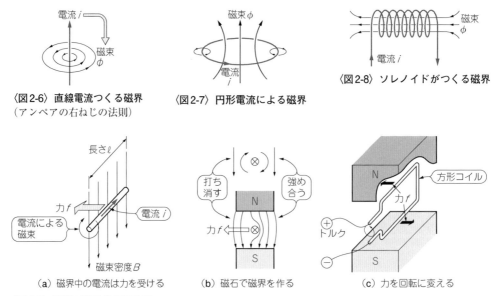

（a）磁界中の電流は力を受ける

（b）磁石で磁界を作る

（c）力を回転に変える

〈図2-9〉 **電流と磁界の相互作用**

magnet)と呼びます．電磁石は利点として，電流の大きさを変えることで磁石の強さをコントロールでき，電流の方向を変えると極性を変えることもできます．

■ 磁界中の電流に働く力

　図2-9(a)のように，磁界(磁束密度B[T])に対して直角方向に置いた直線導体(有効長l[m])に電流i[A]を流すと，導体は磁界と電流方向に対して，それぞれ直角の方向に力f[N]を受けます．フレミングの左手の法則です．これをBli則ともいい，次式のように表すことができます．

$$f = Bli \cdots\cdots (2\text{-}8)$$

　この現象は**図2-9(b)**のように，定性的に説明できます．

　磁界と直角方向に，導体に紙面の表から裏の方向に電流を流した場合，磁束の分布は磁石による平行磁界と，**図2-6**で説明した直線導体の周りに生じる磁束とを重ね合わせたものになります．つまり，導体の左側では磁束が疎に，右側では密な状態の磁束分布となります．磁束線はゴムバンドのように縮もうとする性質があるので，結果として導体は図示のように左方向に力を受けます．

　図2-9(c)のように方形コイルを磁極間に配置して電流を流すと，電流は互いに逆方向になるので，方形コイルの2辺には互いに逆方向の力が作用し，方形コイルには回転しようとする力(トルク)が発生します．

■ 誘導起電力

　電磁力の発生とともに，切り離せない重要な現象として，誘導起電力(induced electromotive force)の発生があります．

　磁界が時間的変化をすると，回路を貫く磁束ϕ(鎖交磁束と呼ぶ)の時間的変化に比例した誘導起電力e[V]が発生し，その向きはその起電力によって回路に流れる電流のつくる磁界が磁束の時間的変化を打ち消す方向です(ファラデー・ノイマンの公式)[3]．

$$e = -\frac{d\phi}{dt} \cdots\cdots (2\text{-}9)$$

有名なフレミングの右手の法則も，この式から導くことができます．

　長さl[m]の導体が磁束密度B[T]の磁場の中を磁場と直角方向に速度v[m/s]で移動すると，誘導起電力e[V]が発生し，その大きさは次式で表され，これをBlv則ともいいます．

$$e = -Blv \cdots\cdots (2\text{-}10)$$

　つまり，フレミングの左手の法則によって発生した力fで，導体が速度vで動くと，電流iを抑える方向に誘導起電力eが発生します．

2-3 回転の仕組み

■ 回転する力「トルク」を生み出すには

　モータを回すための回転力（トルク：torque）を発生するしくみ，すなわちモータの動作原理を考えてみましょう．

　トルク τ とは，回転体の回転力を表し，**図2-10**のように回転中心から $r\,[\text{m}]$ のところに，接線方向に作用する力が $f\,[\text{N}]$ のとき，

$$\tau = f \cdot r\,[\text{N} \cdot \text{m}] \qquad\qquad\qquad\qquad\qquad\qquad\qquad\qquad\qquad 式(2\text{-}11)$$

となります．すなわち，大きなトルクを得るためには，力が接線方向に効率よく作用するような仕組みにする必要があります．

　図2-11は，力の発生原理①～③を利用したモータの動作原理の説明図です．モータの回転する部分をロータ（回転子）と呼び，これに対して静止している側をステータ（固定子）と呼びます．

■ ブラシ付きDCモータ

　図2-11(a) は原理①の応用で，ステータ側の磁石を永久磁石，ロータ側の磁石は電磁石とし，両者の吸引・反発力を利用してトルクを発生する方式です．ブラシ付きDCモータがこの方式を用いています．

　ステータ磁石の中心とロータ電磁石の中心とがなす角度を θ とすると，**図2-11(b)** のように，θ が90°のときにロータ電磁石とステータ磁石の吸引・反発力でトルクが最大となり，その前後では次第に小さくなります．θ が0°と180°の位置では法線方向の吸引力は最大になっても，接線方向の力は0になるのでトルクは0となります．θ が180～360°の区間は，負のトルク（逆回転方向）になるので，正のトルクにするには電流方向を逆にする必要があります．回転するロータ部のコイルに電流を供給し，かつ必要に応じて電流方向を切り換えるため，ブラシ付きDCモータでは，ブラシとコミュテータによる整流機構を用いています．

■ ブラシレスDCモータやステッピング・モータ

　図2-11(c) は同じく原理①の応用で，回転するロータ側に電流を流すのを避けるため，ロータ側を永久磁石にして，ステータ側の磁石を電磁石にしたもので，ブラシレスDCモータやステッピング・モータがこの方式を用いています．

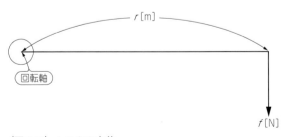

〈図2-10〉トルクの定義

　θとトルクの関係は，先ほどと同じ**図2-11(b)**になります．したがってロータ磁石のステータに対する位置に応じて，ステータ電磁石の電流方向を切り換える必要があります．

■ リラクタンス・モータ

　図2-11(d)(p.34)は原理②の応用例で，ステータ側の磁石を電磁石とし，ロータ側は鉄を用いて，両者の吸引力を利用してトルクを発生する方式です．VR型ステッピング・モータやリラクタンス・モータがこの方式を用いています．

　磁石と鉄の間には反発力は発生せず吸引力だけになるので，**図2-11(e)**のように，θが45°のときトルクが最大となり，90°では0になります．この方式は電流の方向を変えてもトルクの発生方向を変え

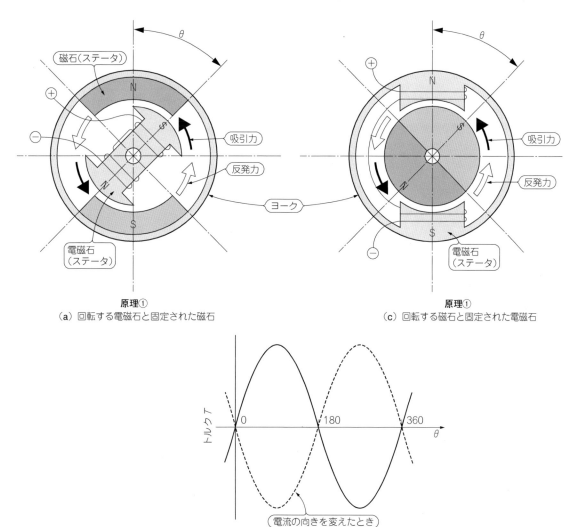

〈図2-11〉加える電流と回転のようす

ることはできません.

■ コアレス・モータ

　図2-11(**f**)は原理③の応用例で，ステータ側の磁石を永久磁石とし，ロータ側は**図2-9**(**c**)で説明したようにコイルを用いて，コイル電流に働く力を利用してトルクを発生する方式です．コアレス・モータあるいはスロットレス・モータと呼ばれるブラシ付きDCモータがこの方式を用いています．コイルに鎖交する磁束を増やすために，コイルの内側に鉄芯を配置します．スロットレス・モータでは，鉄芯の周りにコイルを固定して一緒に回転するようにします．ここで鉄芯はコイルと一緒に回転する必要はな

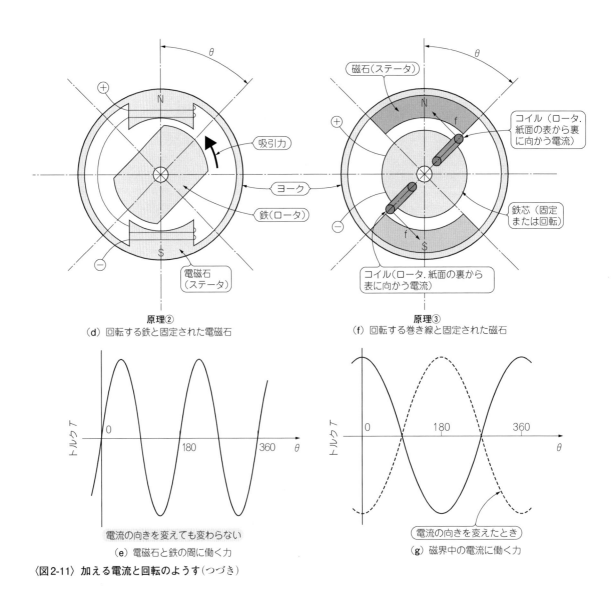

〈図2-11〉加える電流と回転のようす（つづき）

いので,固定子と鉄芯の隙間,すなわち空隙の中でコイルのみが回転するようにしたモータをコアレス・モータと呼んでいます.

　スロットレス・モータのコイルを,鉄芯の外周表面ではなくスロット(巻線溝)の中に巻き込むと,**図2-11(a)**の方式と全く同じになります.

　直流電動機工学では,固定子に巻き線がある巻き線界磁型で説明されています.しかし小型のDCモータの世界では,他励直流電動機の界磁を永久磁石に置き換えた永久磁石界磁型DCモータが主流なので,ここではそれに限って説明します.

● より詳しいブラシ付きDCモータの動作

　図2-12に,もっとも基本的なブラシ付きDCモータの原理と構造を示します[3].ステータは2極の永久磁石で,そのN極とS極による界磁の中央に3スロットの電機子が配置されています.

　電機子にはA,B,Cの3個の電機子コイルが巻かれており,その端末は整流子片a,b,cに接続され,互いに連結され全体として一つの輪になっています.電源は固定側のブラシから,それに回転摺動接触している整流子片を介して電機子巻き線に供給されます.

　ロータが**図2-12(a)**の位置にあるとき,整流子片aとcがブラシと接触しているので,電流はコイルAの矢印の方向に流れ,鉄心の先端はN極に磁化されます.コイルBとCは直列に接続された状態で,Aとは逆方向の電流が流れ,BとCの鉄心の先端はどちらもS極に磁化されます.この結果,ステータのN極,S極との吸引,反発により,電機子は時計方向に回転し始めます.

　ロータが時計方向に30°回転して**図2-12(b)**の位置に来ると,ブラシの+側から整流子片aが離れbが接触し始めるので,整流子片b,cに接続されたコイルCに全電圧が印加され,電流が増えて起磁力が強くなりますが,磁極の極性はS極のまま変わりません.コイルBは短絡状態からすぐにAと直列接続された状態に移り,極性もS極からN極に変わりAとBがN極となります.

　このようにして,電機子には時計方向の回転力が引き続き働くので,回転を続けることができます.

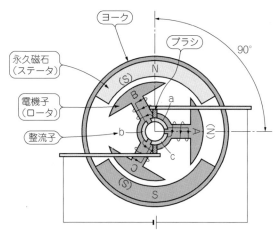

（a）整流子片aとcがブラシと接触.コイルAの極性はN極,コイルBとCの極性はS極

（b）ロータが時計方向に30°回転.コイルCの極性はS極,コイルAとBの極性はN極

〈図2-12〉3スロット・ブラシ付きDCモータの動作原理図

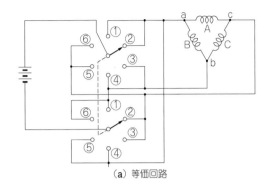

（a）等価回路

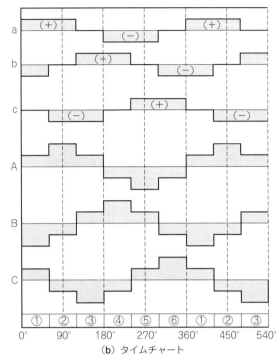

（b）タイムチャート

〈図2-13〉ブラシ付きDCモータの等価回路とタイムチャート

　ブラシと整流子は，電機子コイルの電流を電機子の界磁に対する位置に応じて切り換える重要な働きをしています．

　電機子電流が切り換わるようすを，等価回路とタイムチャートで表すと**図2-13**のようになります．すなわち，3相のコイルA，B，CをΔ結線にした電機子の電流を，ステータの磁極の位置に同期させて，2回路6接点のスイッチでa，b，cを順次切り換えることによって，回転を続けるしくみになっています．

　電機子コイルの各端子は120°の区間ONの後，60°のOFFの区間を経て逆極性側に切り換わり，端子間の位相差は120°になっています．その結果，コイルA，B，Cには60°ごとに大きさを変えながら，180°で極性が反転する3相の電流が流れ，全体として360°を6ステップで進行します．

第3章

ブラシ付き/ブラシレス/ステッピング/AC

小型モータのいろいろ

● 小型モータの種類とその分類

　モータ，特に小型モータは種類が非常に多く，その分類のしかたも回転原理，モータ構造，駆動電源，機能用途別などさまざまな方法があります[1]．本書では，**図3-1**に示すように，モータの原理と構造を組み合わせた分類法を用います．

　まず，原理から分類すると，電磁モータ（電磁力によって動くモータ）と非電磁モータ（圧電，磁歪，静電気など電磁力以外で動くモータ）に分けられます．電磁モータのほうが圧倒的に多く用いられているので，ここで扱う対象は電磁モータに限ることにします．またすべての種類のモータを取り上げると種類が多すぎるので，一般的に用いられている代表的なものに絞ります．

　電磁モータを駆動電源で分類すると，DCモータとステッピング・モータは直流電源で駆動するモータで，ACモータは交流電源で駆動するモータです．

　しかし，パワー・エレクトロニクスの進歩により，駆動方法による分類はややこしくなっています．例えばインバータ・モータは，周波数を可変できるインバータ回路が出力する交流で駆動します．しかしインバータ回路の電源は，交流電源を整流して作る直流電源です．ブラシレスDCモータの中には，直流電源から交流を作ってモータを駆動するものがあり，それらはモータ部分は交流で動作するのでACサーボ・モータと呼ばれることがあります．

　直流電源でも交流電源でも動作するモータとして，ユニバーサル・モータあるいはシリーズ・モータと呼ばれる巻き線界磁型整流子モータがあります．掃除機や電動工具に使われていますが，比較的大型であり制御用モータの主流からははずれるので，この図では省略しています．

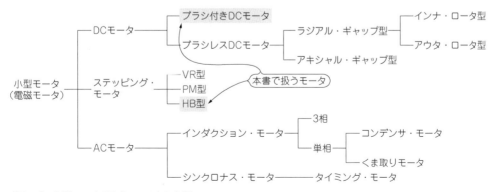

〈図3-1〉 小型モータ（電磁モータ）の分類

3-1　その①…ブラシ付きDCモータ

● もっともよく使われているタイプ

　広く一般的に使われているモータです．**図3-2**に示すように，モータの回転する部分をロータ（回転子）と呼び，これに対して固定している部分をステータ（固定子）と呼びます．ブラシ付きDCモータは，ステータで作られた固定磁界（界磁と呼ぶ）の中で，ロータである電機子（アーマチュア）が回転します．

　回転している電機子に電流を流すために，ブラシと整流子（コミュテータ）を使っています．特にステータに永久磁石を使って界磁を発生するようにしたDCモータは，小型／軽量／高効率であり，また機能がシンプルで使いやすいため，非常に多くの分野に使用されています．

　一般に小型モータに対してDCモータと呼ぶときは，この永久磁石界磁型ブラシ付きDCモータを指すことがほとんどです．ただし，ここではブラシ付きDCモータと呼びます．最近ではDCモータのブラシレス化が進んでいて，それをブラシレスのDCモータ，すなわちブラシレスDCモータと呼ぶようになっているので，それに対比させるためです．

　ブラシ付きDCモータの特徴をまとめると，次のようになります．

- リード線（あるいは端子）が2本しかなく，直流電圧を印加するだけで回転する
- 電源の極性を反転すると回転方向が変わる
- 印加電圧に比例して回転速度が変わる
- 負荷に比例して回転速度が下がる
- 起動時の回転力（トルク）が大きく，トルクと電流が比例する
- 主な特性が直線的に変化するので制御しやすい
- 小型，軽量で効率が良い
- 低電圧（例えば乾電池1本の1.5V）で動作するものがある（逆に高電圧用は難しい）

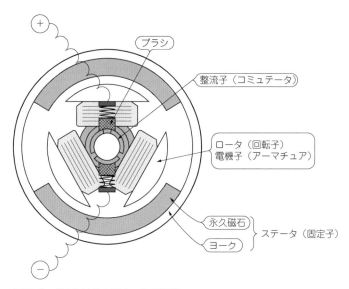

〈図3-2〉ブラシ付きDCモータの構造

　一方，ブラシと整流子を用いた機械的整流機構を使っているので，摺動接触に起因する以下のような問題点を抱えています．

- 機械的・電気的ノイズを発生する
- 摩耗のため寿命が制限される
- 摩耗や汚れによる接触不良や起動不良を発生しやすい
- 摺動による摩擦トルクを生じる

　上記のような問題点はあるものの，使いやすく，製品の種類も豊富で入手しやすいので，多くの分野で使われ続けています．

● 種類

▶スロット巻き線型

　もっともポピュラな方式です．よくある例では，ステータは永久磁石，ロータは鉄心のスロット（巻線溝）に巻線を施した電気子構造を使っていて，**図3-2**のようにステータが2極，ロータが3スロットになります．

　スロット数は**写真3-1**に示すように，最低3個を基本として，5，7，9スロットなどが一般的です．スロット数が少ないとコギング・トルク（無通電でモータ軸を回したとき，ゴリゴリ感じるトルク）やトルク・リプル（トルクの脈動）が大きくなります．滑らかな回転特性を得るために，DCサーボ・モータなどでは，**写真3-2**のようにスロットや整流子のセグメント数を増やします．

▶スロットレス型

　コギング・トルクやトルク・リプルを減らして滑らかなトルク特性を得るために，スロットをなくしたタイプです．平滑にした鉄心の表面や，磁性材料のモータ軸そのものの表面に電機子巻き線を施す方式で，DCサーボ・モータなどに採用されていたことがあります．

　巻き線部に加わる電磁力や回転時の遠心力に耐えるように巻き線を強力に固着する必要があり，巻き線作業は難しくなります．

▶コアレス型

　上記のスロットレス型は，電機子鉄心の表面に巻き線が固定されており，鉄心と巻き線はロータとし

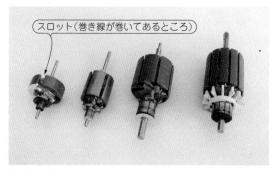

〈写真3-1〉3〜12スロットのロータ

スロット（巻き線が巻いてあるところ）

〈写真3-2〉ブラシ付きDCサーボ・モータのロータ（12スロット，24セグメント）

セグメント

〈写真3-3〉コアレス型のロータの外観（日本電産サーボ：
DLシリーズ）

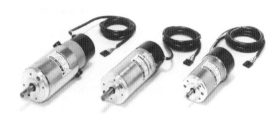

〈写真3-4〉DCサーボ・モータの一例（日本電産サーボ：DS
シリーズ）

ていっしょに回転します.

　鉄心は磁束を通すだけの役割なので，巻き線といっしょに回転する必要はありません．そこで，鉄心を固定して巻き線だけを回転するようにすることもできます．回転部にコア（鉄心）がないことを強調してコアレス型と呼びます．**写真3-3**にコアレス型のロータの一例を示します.

　永久磁石と鉄心（継鉄）の配置は入れ替えてもよく，巻き線の内側に永久磁石を入れたものと，外側に置いたものと両方あります．巻き線をカップ形状に成型したものを，特にカップ・ロータ型と呼ぶこともあります．コアレス型は，巻き線だけが回転するのでムービング・コイル型とも呼ばれ，以下のような特徴があります.

- ロータ慣性モーメントが小さく，モータの時定数が小さい
- 電機子のインダクタンスが小さいので整流特性が良い
- コギング・トルクが発生しない
- 巻き線の製作には特別な技術を必要とする

▶扁平型モータ

　ブラシ付きDCモータは，電機子の末端に整流子を配置するので，普通は円筒細長形状になります．しかし，用途によっては扁平形状が要求されることもあり，いろいろな方法で扁平薄型を実現しています.

　一例としては，平面上に永久磁石による磁極を並べ，少しすきま（空隙）をあけて継鉄を対向させ磁気回路を作ります．その空隙にディスク状のロータを配置する構造です.

　この場合，ロータの作り方には，コアレス構造の電機子巻き線を平面に配列して樹脂モールドする方法，銅板から巻き線と整流子片のパターンを打ち抜いて絶縁しつつ貼り合わせて製作する方法があります．特に後者は，ディスク状の電機子をプリント技術で作るという発想から，この方法で作られたロータを持つモータをプリント・モータと呼んでいます．非常に薄い電機子が作れ，ロータは低慣性です.

▶ブラシ付きDCサーボ・モータ

　一般的なブラシ付きDCモータと制御専用のモータを区別し，後者をブラシ付きDCサーボ・モータと呼ぶことがあります．応答性が高く急激な加速や減速に追従できて，トルク・リプルやコギング・トルクを小さくして滑らかに回転するように作られているモータです.

　応答性の尺度として，トルク慣性比（モータの起動トルクとロータ慣性モーメントの比）がよく用いら

れます．トルク慣性比を大きくするためには，一般に高性能永久磁石を使用して起動トルクを大きくし，ロータを小径／細長形状にしてロータ慣性モーメントを小さくします．

写真3-4はブラシ付きDCサーボ・モータの一例で，軸後端には角度センサ（ロータリ・エンコーダ）が組み付けられており，速度や位置のフィードバック・センサとして用いられます．

● 製品例

▶模型工作用モータ

工作用あるいは模型用として市販されている代表的なものをいくつか紹介します．

写真3-5は「マブチの工作用モーター」で，6種類のモータが用意されており，模型店などで購入できます．乾電池の1.5〜3.0Vで駆動できる小型のものと，ラジコンに使われる7.2Vの充電池で駆動する高出力型があります．

写真3-6はタミヤのギヤード・モータの一例です．減速比10：1から300：1のギヤ・ヘッド付きのモータで，トルクの大きい出力になっています．出力軸にホイール・ハブを取り付け，車輪を直接ドライブするのに適しています．ギヤ・ヘッドとギヤ・ヘッド専用モータそれぞれ単体もスペア・パーツとして購入できます．

▶産業機器用モータ

模型工作用モータに対比させる適当な呼びかたがないので，ここでは産業機器用と呼ぶことにします．

家電・情報機器，電動工具，自動販売機，自動車その他の産業機器などに使用されているものですが，基本的な構造は模型工作用と大きな違いはなく，価格的にもそれほど高くはありません．

機械的な強度を上げたもの，寿命時間を長くしたもの，あるいは減速機付きや，エンコーダのようなセンサ付きなど種類は多く，ロボコンのほかいろいろな用途に利用されています．**写真3-7**に産業機器用モータの一例を示します．

▶コアレス・モータ

主として下記のヨーロッパのモータ・メーカが得意としているモータです．

・FAULHABERグループのMINIMOTOR社

〈写真3-5〉[2]「マブチの工作用モーター」FA130など（マブチモーター）
1.5〜3.0Vで駆動できるものと，ラジコン用の7.2Vで駆動するものがある

〈写真3-6〉[3] ギヤード・モータ380シリーズ（タミヤ）
模型の車輪をダイレクトにドライブするのに適しているブラシ付きDCモータ

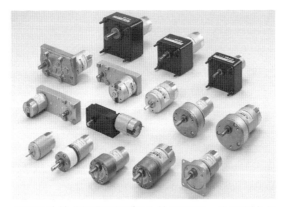

〈写真3-7〉⁽⁴⁾　**産業機器用ブラシ付きDCモータDMNシリーズ**（日本電産サーボ）
家電・情報機器，電動工具，自動販売機，自動車などに使用されるブラシ付きDCモータ

整流子片の数が9

（a）ロータと整流子部

（b）ロータ部分

ブラシ

（c）ブラシ部分

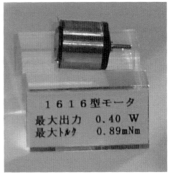

１６１６型モータ
最大出力　0.40 W
最大トルク　0.89mNm

（d）外観

〈写真3-8〉⁽⁵⁾　**コアレス・モータの一例**（MINIMOTOR社）
各種制御のほか，ロボコンなどにも使われているブラシ付きDCモータ

- DANAHERグループのPortescap社
- maxon motor社

写真3-8はコアレス・モータの一例です．コアレス構造のコイルがカップ形状に成型されており，整流子片の数も9と多くなっています．外径6〜38mmのものがシリーズ化されています．一般的なモータに比べると，どうしても価格が割高になります．性能を追求するロボコンなどにも使われています．

● 実際に使うときのチェックポイント

ブラシ付きDCモータは，起動トルクが大きいので，起動・停止の多い用途に向いています．明確に寿命があるので，トータルの運転時間は数百時間から長くても3000時間以内の用途に適しています．正逆回転を行うときは，端子電圧を反転するための駆動回路が必要になります．

ブラシ付きDCモータ自体に定速回転の能力はなく，端子電圧や負荷トルクの変化で回転速度が変化する特性です．定速回転をさせるには速度フィードバック用の速度センサ（例えばロータリ・エンコーダ）などを用いた閉ループ制御（closed loop control）による速度制御を行う必要があります（6章で解説）．

ブラシ付きDCモータは，回り続けることが主要な機能で，ある回転角だけ回して止めるという動作は簡単ではなく，何らかのしくみが必要になります．位置決めに使いたい場合，上記の速度制御を行ったうえで，位置センサを用いた位置制御が必要になります（7章で解説）．

3-2　その②…ブラシレスDCモータ

● ブラシと整流子を電子回路に置き換えたタイプ

ブラシ付きDCモータの優れた特性を生かしたまま，唯一の欠点であるブラシと整流子をなくしたのがブラシレスDCモータです．機械的な摺動接触構造の整流機構を，電子部品による非接触式に変えています．

非接触の電子的整流機構を実現するには，永久磁石の磁極位置を検出するセンサや，そのセンサの信号を処理して電機子電流を制御する駆動回路が必要です．

ブラシ付きDCモータは，ステータ側に永久磁石を使用し，ロータ側の電機子巻き線にはブラシと整流子を介して電流を流します．そのため，構造に制約があり，モータの形状も限られたものになってしまいます．それに対してブラシレスDCモータでは，通電の必要がない永久磁石をロータ側とし，電機子巻き線をステータ側とするほうが合理的な構造です．

機械的なブラシと整流子がなくなり，電機子をステータ側に移したことで，ブラシレスDCモータは構造と形状に大きな自由度を得ました．用途に合わせて最適な形状のモータを開発できるようになって，これまでのモータでは考えられない形状まで出現するようになりました．

ブラシレスDCモータの特徴をまとめると次のようになります．

- ブラシ付きDCモータと基本的な特性は同じ
- 機械的なブラシと整流子に起因する弱点がない，すなわち機械的な接触部が軸受けだけになるので，長寿命が期待できる
- 形状や構造の自由度が高く，用途に合わせた設計ができる
- 専用の駆動回路がないと動かない

● **電磁構造による分類**

　ロータ(永久磁石)とステータ(電機子巻き線)の間のギャップ(空隙)を配置する方向で2種類に分けます. 回転半径の方向(ラジアル方向と呼ぶ)に配置したラジアル・ギャップ型と, 回転軸方向(アキシャル方向と呼ぶ)に配置したアキシャル・ギャップ型です.

▶ラジアル・ギャップ型(径方向空隙型)

　ラジアル・ギャップ型は, さらにロータがステータの内側で回転するインナ・ロータ型(内転型)と, ロータがステータの外側で回転するアウタ・ロータ型(外転型. **写真3-9**)に分けられます.

(1)インナ・ロータ型(内転型)

　永久磁石ロータがステータの内側で回転する一般的な構造で, 次のような特徴があります.

- ●ロータ慣性モーメントが小さい
- ●巻き線作業はしにくい
- ●電機子巻き線の放熱が良い
- ●スロット巻き線型が一般的で, その場合コギング・トルクが発生しやすい

(2)アウタ・ロータ型(外転型)

　ブラシレス構造ゆえに可能となった構造で, 永久磁石ロータがステータの外側で回転します. 以下のような特徴があります.

- ●ロータ慣性モーメントが大きい
- ●巻き線作業がやりやすい
- ●電機子巻き線の放熱が悪い
- ●スロット巻き線型はコギング・トルクが発生しやすい

▶アキシャル・ギャップ型(軸方向空隙型)

　円板状の永久磁石ロータがステータ側の電機子巻き線と対抗して回転する構造です. 扁平薄形のモータに適しているため, フラット・モータと呼ばれることもあります(**写真3-10**).

　小型のアキシャル・ギャップ型ではスロットレスの電機子が多く, プリント基板上に電機子の空芯コイル, 磁極の位置を検出するセンサ, ドライブ回路をすべて載せて一体にしてしまうのが一般的です.

　アキシャル・ギャップ型の特徴は以下のようになります.

〈写真3-9〉ラジアル・ギャップ・アウタ・ロータ型ブラシレスDCモータのカット・モデル(日本電産サーボ：レーザ・ビーム・プリンタ用BHシリーズ)

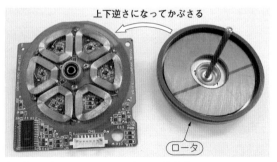

〈写真3-10〉アキシャル・ギャップ型ブラシレスDCモータの一例(日本電産サーボ：VTRキャプスタン・モータ)

〈写真3-11〉⁽⁴⁾ インナ・ロータ型ブラシレスDCモータ
FHDシリーズ（日本電産サーボ）
14極の3相モータ．60mm角のフレーム・サイズで20，40，
60Wの出力

〈写真3-12〉⁽⁴⁾ アウタ・ロータ型ブラシレスDCモータ
FYDシリーズ（日本電産サーボ）
フレーム・サイズ60，80，90mm角のAC標準モータをブラシ
レスDCモータ化．6，15，25，40Wの出力

- 永久磁石と対向ヨーク間に吸引力が働くので，対処が必要
- コギング・トルクが発生しない
- ロータ慣性モーメントがやや大きい
- 一般に積層鉄心を使わないので，金型費用が少ない

● 製品例

　ブラシレスDCモータは情報機器や家電製品，あるいはファン・ブロワなどに専用モータとして使われているのが主流で，不特定用途の汎用品として販売しているモデルはまだ少ないのが現状です．

　写真3-11はインナ・ロータ型ブラシレスDCモータの一例です．比較的極数の多い14極の3相モータです．希土類マグネットを使用することで小型高出力を実現し，60mm角のフレーム・サイズで20，40，60Wの出力に対応しています．

　写真3-12はアウタ・ロータ型ブラシレスDCモータの一例です．フレーム・サイズ60，80，90mm角のAC標準モータを置き換えられます．ブラシレスDCモータにすることで，インダクション・モータ（ACモータの一種）と同等の価格で，小型，軽量，高効率化が可能です．6，15，25，40Wの出力が選べます．

● 実際に使うときのチェック・ポイント

　ブラシレスDCモータの多くは，それぞれの用途に特化した専用モータとして使用されているのが一般的です．要求性能の主なポイントは以下のようになります．

- 長寿命
- 低騒音，低振動
- 低回転むら
- 機械的振れ精度

〈写真3-13〉⁽⁴⁾ 冷却用ファン・ブロワの例（日本電産サーボ）

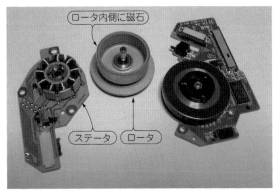

〈写真3-14〉CD-ROMドライブのスピンドル・モータ

- 小型・薄型化
- 広回転速度範囲
- 省エネルギー運転

これらすべてを満足させると高価になるので，用途に応じて優先する性能を決め，それぞれの用途に最適化した専用モータを開発することが多くなります．

▶冷却ファン・ブロワ

サーバ用のコンピュータや通信用の基地局など，連続的に稼動する設備の冷却用のファンやブロワは長寿命が要求されます．

ACモータ（インダクション・モータ）も，ブラシのないモータなので長寿命が期待でき，この用途に使われていました．現在は効率の良さでブラシレスDCモータを用いたファン・ブロワが主流になってきています．**写真3-13**に冷却用ファン・ブロワの一例を示します．

▶スピンドル・モータ

CD-ROMドライブやDVD-RAMドライブのスピンドル・モータは，数百r/minから10,000r/min以上という広い回転速度範囲が必要です．また，HDDのスピンドル・モータは高回転速度でかつ長寿命であることが要求されます．

いずれも，ディスク中央のハブの部分にモータを組み込んで直接駆動するため，小さな形状と機械的に高精度な回転特性が要求されるので，どちらもハブと一体化した専用モータになっています．**写真3-14**にCD-ROMドライブのスピンドル・モータを示します．

3-3 その③…ステッピング・モータ

● 制御することを重視したモータ

本来モータというものは，一般に回転することが重要な機能であり，止まる機能についてはあまり重要視されていません．

前項のDCモータや次項のACモータは，回り続けることが主要な機能なので，回転を止めることは簡単ではなく，何らかのしくみが必要になります．急速な回転・停止機能を必要とするサーボ・モータ

では，電流制御や速度制御・位置制御といったクローズド・ループ制御を用います．そのためには，フィードバック用のいろいろなセンサが必要なうえ，制御系の設計や調整も必須でシステム全体が複雑になります．

　これに対してステッピング・モータは，非常に簡単な操作で，一定の回転角度ごとに（ステップ状に）回転／停止できるように考えられたモータです．ステップ・モータあるいはパルス・モータと呼ばれることもあります．

　ブラシレスDCモータは，永久磁石ロータの回転に同期してステータ巻き線の各相の電流を順次切り替えることで，連続的にロータを回転させています．この切り替えのしくみがないと，巻き線に電流を流したとき，ロータはある角度だけ回転して止まってしまいます．

　ステッピング・モータは，逆にこの性質を利用して，一定の回転角度でステップ状に回転・停止できるように考えられたモータです．

　ステッピング・モータは，入力パルスに対して一定の角度（ステップ角：step angle）だけ回転します．モータの回転角度は入力パルス数に比例し，回転速度はパルス周波数（パルス・レート）に比例します．入力信号のパルス数と周波数を制御すれば，回転角と回転速度を直接制御できます．フィードバック・センサを必要としないオープン・ループ制御（open loop control）が可能になり，制御系の構築が非常に容易になります．

　ステッピング・モータを駆動するためには，入力パルス信号ごとにモータの励磁巻き線を切り替える駆動回路が必要になります．

　ステッピング・モータの特徴は以下です．
- 入力パルス信号ごとに，モータの各相の巻き線を切り替えて励磁するための駆動回路が必要
- 入力パルスに対して一定の角度（ステップ角：step angle）だけ回転するので，モータの回転角度は入力パルス数に比例し，回転速度はパルス周波数（パルス・レート）に比例する
- パルス周波数や負荷トルクが過大になると，脱調を起こすことがある

● 種類

　ステッピング・モータは，磁気的な構造によって次の3種類に大別されます．
　VR型（可変リラクタンス型：Variable Reluctance Type）
　PM型（永久磁石型：Permanent Magnet Type）
　HB型（複合型：Hybrid Type）

▶ VR型

　ロータ，ステータとも突極構造とし，突極性に基づく空隙の磁気抵抗（リラクタンス：Reluctance）の変化によってトルクを発生させるので可変リラクタンス型と呼ばれ，永久磁石は使用しません．

　歴史的には古い方式で，現在では数量も少なくなり，比較的大きなトルクを必要とするなどの特殊な用途のものが残っています．永久磁石を使わないことは，一つの特徴であると言えます．

▶ PM型（**写真3-15**）

　多極に着磁した永久磁石をロータに用いたモータで永久磁石型と呼ばれます．

　代表的な構造は，次のようなものです．ロータを囲う，直径の大きいボビンにコイルを巻きます．軸方向を上下に見て，コイルの上下からプレス板金のヨークで覆います．ロータに隣接するボビン内側には，くしの歯状の磁極（ポール）を上下から交互に作ります．コイルに電流を流すと，上の歯と下の歯の

間に磁界が発生し，くしの歯は交互にS，Nになります．

これを1相ぶんとして，相の数だけ，適切な位相差を付けて上下に重ねて連結したものがステータになります．こうしてできたステータの中央の穴に，円筒形の多極永久磁石のロータを挿入します．

磁極の歯の形状がcraw（鳥獣の爪や，カニやエビのはさみ）に似ていることから，別名クロー・ポール型と呼ばれています．

この構造だと，ヨークと磁極部はプレス加工で作れて，コイルもボビン巻きでよく，安価に作れます．低価格を志向したモータとして需要が多く，PM型の大多数がこのタイプです．2相が一般的ですが，3相もあります．

ステップ角は比較的大きく，2相モータで15°と7.5°，3相モータでは3.75°のものが一般的です．

▶ HB型（写真3-16）

VR型やPM型ステッピング・モータでステップ角を小さくするには，ロータとステータの歯数や極数を増やす必要があります．VR型のステータで歯数を増やすと巻き線が複雑になります．クロー・ポール型も，ロータの磁極数を増やしたり，ステータの歯数を増やしたりすることには限界があります．

そこで着磁によらずに多極化したのがHB型です．軸方向にNS極の着磁をした永久磁石の両側を，外周に小さな歯を設けたロータ鉄心で挟んで，NS極が軸方向に交互に並んだ多極のロータを作ります．

〈写真3-15〉PM型ステッピング・モータ（日本電産サーボ：KPシリーズほか）

〈写真3-16〉HB型ステッピング・モータ（日本電産サーボ：KH42，56，60シリーズ）

（a）ロータ部

（b）ステータ部

〈写真3-17〉HB型ステッピング・モータのロータとステータの外観

ステータも巻き線用の磁極数を増やさずに，磁極先端部に小さな歯を設けます．ロータとステータ両方の歯によって高分解能化を実現するしくみです（詳しくは第9章を参照）．VR型とPM型を複合化した構造であることから，ハイブリッド型と呼ばれています．ロータ，ステータの外観を**写真3-17**に示します．

　小さな極歯を精度良く加工するため，ケイ素鋼板の積層方式が一般的で，高分解能で高精度を要求される用途に適しています．

　ステップ角は2相の1.8°を標準的な値とし，他に2相の0.9°，3相の0.6，1.2，3.75°や，5相の0.72°のものなどがあります．

● その他のステッピング・モータ

　HB型ステッピング・モータの回転子を，円筒状の磁石に置き換えた構造のステッピング・モータもあります．磁石には，HB型の回転子の歯数に相当する極対(SN)数の磁極を設けています．永久磁石ロータを使っているのでPM型の一種とも言えますが，一般的なPM型と区別するためにRM（Ring-permanent Magnet）型[7]と呼んでいます．

　回転子に歯がないため，空隙の磁束分布が正弦波に近くでき，低振動，低騒音化に有利で，マイクロステップ駆動（第10章10-4節参照）時のステップ角精度も良くなるという特徴があります．ただし，高分解能の磁極の形成は難しいため，基本ステップ角はHB型に比べ若干大きくなります．

　3相ステッピング・モータにこの方式を適用し，32極（極対数16）のロータを使用した基本ステップ角3.75°のRM型が製品化されています．外観はHB型とまったく同じ形状をしています．

● 実際に使うときのチェック・ポイント

　入力信号のパルス数と周波数を制御することで，回転角と回転速度を直接制御できます．フィードバック・センサを必要としない開ループ制御（open loop control）が可能です．制御系の構築が容易になるので，簡単な位置決め用途に多用されています．

　例として，教材用の走行ロボットなどで特にマイコンを用いたシステムがあります．マイコンからのパルス指令をモータ・ドライバに入力するだけで，簡単に必要な距離ぶんだけモータを動かすことができきます．

3-4　その④…ACモータ

● 商用電源で直接使うモータ

　本書では，商用電源，すなわち交流電源を直接使える小型モータをACモータと呼ぶことにします．

　ステータ巻き線に交流電流を流すと回転磁界が発生することを利用して，回転磁界の中でロータを回転させるモータです．大きく誘導モータ（インダクション・モータ）と同期モータ（シンクロナス・モータ）に分けられます．

　インダクション・モータは，回転磁界と，ロータに誘導された電流とで回転トルクを発生させる方式です．ロータの回転速度が回転磁界の速さ（同期速度と呼ぶ）と同じになると誘導電流が発生しないので，ロータは同期速度より少し遅い速度で回転する（この現象をすべりと呼ぶ）非同期モータとなります．

　一方，回転磁界中に磁極のあるロータを入れると，同期速度で回転する同期モータにすることができ

ます．電源周波数に同期して回転するので，回転速度が正確なことを利用する用途に使われています．タイミング・モータと呼ばれます．

　ACモータの特徴は以下です．

- 商用電源に接続するだけで，簡単に動かすことができる
- 同期速度または同期速度に近い速度で回転する定速特性である
- 回転速度を変えることは基本的にやりにくい
- ブラシやコミュテータがないので堅牢
- 永久磁石DCモータに比べ，効率が悪い

● 種類

　交流電源には3相交流と単相交流がありますが，3相は工場やビルなど大電力用の電源（AC200V系）なので，使われるモータも当然大型のものとなります．

　ここでは，単相交流電源（AC100V系）で使われる小型ACモータに絞って説明することにします．

▶コンデンサ・モータ（写真3-18）

　回転磁界は，3相交流電源のほかに，位相が90°ずれた2相の交流電源でも発生させることができます．しかし，単相交流電源ではSとNが交互に入れ替わる交番磁界しか発生できません．往復運動は作れますが，回転は生み出せません．

　そこで，2相の巻き線を施した交流モータの片方の巻き線（補助巻き線）に，進相コンデンサを直列に挿入して，電流の位相を進めます．もう一方の主巻き線には電源を直接供給すれば，両者に2相交流に近い電流を流せます．こうして回転磁界を作るようにしたモータがコンデンサ・モータです．

　AC100V電源で手軽に回せるので，汎用小型モータとして標準化されており，これと組み合わせて使用するギヤ・ヘッドも含め，豊富な種類が用意されています．

- 一方向回転型

〈写真3-18〉コンデンサ・モータ（日本電産サーボ：AC小型標準モータHシリーズ）

〈写真3-19〉速度制御型コンデンサ・モータ（日本電産サーボ：AC小型速度制御Q-CONシリーズ）

〈写真3-20〉くま取りモータ(日本電産サーボ：Pシリーズ)

〈写真3-21〉タイミング・モータ(日本電産サーボ：AC小型シンクロナス・モータSRシリーズ)

　長時間の一方向連続回転に適するように，巻き線やコンデンサの容量が決められているモータです．回転方向は，2極双投スイッチで主巻き線の電流方向を入れ替えれば変えられますが，急激な反転は一般に制限されており，完全に停止した後に逆転する必要があります．

● 正逆回転型(リバーシブル・モータ)

　ある程度頻繁な正逆転，起動停止の繰り返しなどに対応します．比較的運転時間自体が短い用途に適したモータで，起動トルクは大きくなっていますが，一般に定格時間は30分と短くなっています．

　主巻き線と補助巻き線を同じ巻き線仕様にしたバランス巻で，3本のリード線で引き出してあり，単極双倒スイッチで正逆転ができるので，配線は簡単になります．

　停止時のオーバーランを抑制するため，モータの後部にブラシとブレーキ板を用いた簡易制動機構を備え，常時摩擦負荷を加えるようにしたものが一般的です．

▶ コンデンサ・モータの速度制御

　コンデンサ・モータは，本来同期速度に近い一定速度で回転する特性のモータで，回転速度を変えることは苦手です．印加電圧を下げると回転速度は少し下がりますが，トルクも小さくなり速度範囲が狭くなります．低電圧になるほど対負荷変動が大きくなって使い物になりません．

　そこで，モータに速度発電機(一般に永久磁石交流発電機を使う)を取り付け，回転速度をフィーバックして，速度偏差に応じてサイリスタまたはトライアックの通電角を変え，モータの印加電圧を制御して速度をコントロールする方式があります．速度制御型コンデンサ・モータとして製品化されています(写真3-19)．

　可変抵抗器や直流電圧で回転速度を設定できます．回転速度は電源周波数の50，60Hzに関係なくなります．回転速度範囲は70～1400rpmのものが一般的です．

　充放電回路の時定数を利用して速度指令電圧を発生することにより，回転速度のスローアップ，スローダウン機能を付加することができます．

▶ くま取りモータ(スケルトン・モータ)

　写真3-20に示すように，単相の主磁極の一部にくま取りコイル(shading coil)と呼ばれる1回巻きの短絡導体を設け，これに遅相電流を誘導して磁束を遅らせて移動磁界を作り起動します．回転磁界には程遠く，起動トルクも小さくなります．くま取りコイルに常時電流が流れて損失になるため，効率も良

くありません.

　巻き線は1個の集中巻きでよく, 全体的に構造が簡単で低コストです. 性能よりもコスト重視の応用, 例えば家電品のファンなどに多く使われています.

▶タイミング・モータ(**写真3-21**)

　シンクロナス・モータは効率が悪いので, 大きな出力のものは使われなくなりましたが, 商用電源周波数の正確さを利用して時間制御機器に使われています. 時間を測る用途に使われるとき, タイミング・モータと呼びます.

　原理的に大別すると, リラクタンス・モータ, ヒステリシス・モータ, インダクタ・モータの3種類に分類できます.

　回転速度は, 2極モータの3600rpm, 3000rpmのものから, 多極化によってモータ自身の回転速度を下げたもの, さらに歯車列で回転速度を下げて1日1回転あるいはそれ以下にしたものなどあり, タイマや時間計, あるいは時計などに利用されています[8].

◆ 第4章

機械部品「モータ」を電子部品に置き換える

ブラシ付き DC モータを回路で表す

　本書のねらいは，マイコンやアンプなどの電子回路を利用して，モータの回り方をきめこまかく制御することです．これまで説明してきたように，モータは電子部品ではなく機械部品です．回り方をコントロールするには，モータという機械部品を電子回路に置き換えることから始める必要があります．

　本章では，定番のブラシ付き DC モータ（DMN37 シリーズ，**写真4-1**）を例にモータという機械部品を電子回路で等価的に表す方法を説明します．DMN37 シリーズは，入手しやすい，エンコーダ付きやギヤ・ヘッド付きなどがあり選択肢が広い，コストパフォーマンスが高い，の三拍子そろったモータです．

4-1 モータのことをよく調べる

■ DMN37 の構造

　DMN37 は，同社のブラシ付き DC モータ DME シリーズをベースに，さらに性能向上を図ったものです．ロボコンなどにも使用されています．

〈写真4-1〉定番モータ DMN37 シリーズ（日本電産サーボ）を例に説明する

● **マグネットと電機子**

　図4-1にDMN37の構造を示します.

　円筒型のハウジングは，ステータ(固定子)のヨーク(継鉄)の働きも担っているので，磁性材料の鉄でできています.その内側には，2個の円弧状の永久磁石(フェライト・マグネット)が固定されています.このハウジングと永久磁石がステータになります.

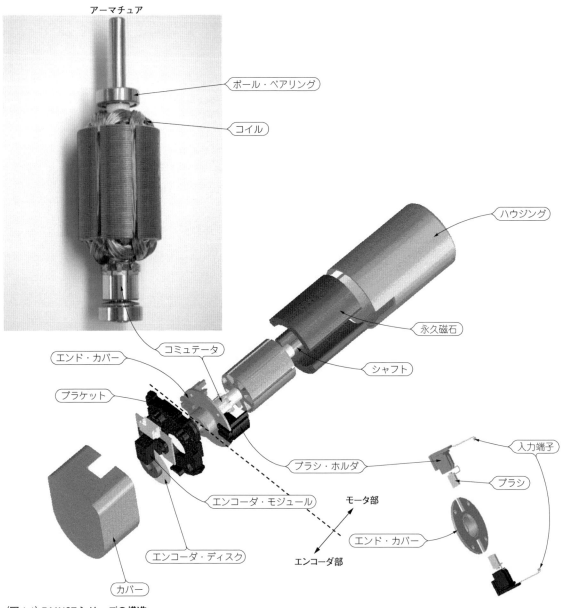

〈図4-1〉DMN37シリーズの構造
オプションのインクリメンタル・エンコーダを取り付けた状態

　永久磁石の内径側はそれぞれN極とS極になっています．磁束はN極からS極に向かい，外周の継鉄の磁路を通ってN極に戻ります．

　このようにして形成された磁場の中に，回転子(ロータ)となる電機子(アーマチュア)が配置されています．このモータは，ステータの永久磁石とロータの電磁石の間に働く力を利用して回ります[1]．

　ブラシと整流子(コミュテータ)を介して電機子の巻き線に電流が流れると，電機子が2極の電磁石になります．永久磁石と電磁石の間の回転角度が90°のとき最大の力を発生し，その前後では力が減少してトルク・リプルを発生します．したがって，いつも90°の状態を保ちながら回転させるのが理想ですが，そのためにはスロット数を多くして，多数の巻き線を順番にずらしながら巻き込む必要があります．

　電機子のスロット数は3個以上あれば回転可能で，模型工作用のモータなどは3スロットが一般的です．DMN37シリーズは7個のスロットを採用し，トルク・リプルの低減や整流特性の改善による長寿命化を図っています．

● ブラシ

　ブラシの材質には金属ブラシ，貴金属ブラシ，カーボン・ブラシなどがあります．大電流かつ高電圧の高出力のモータには，主としてカーボン・ブラシが使われています．

　ブラシの保持方法には，板ばねを用いた弾性アームに固定する板ばね方式や，ブラシが摺動できるホルダの中に挿入したブラシをコイルばねで押すホルダ方式などがあります．経済性を優先するモデルでは板ばね方式が多く用いられています．

　DMN37はホルダ方式で，かつ寸法の長いカーボン・ブラシを採用して長寿命化を図っています．

■ 電気的特性

　DMN37の標準仕様を**表4-1**に，DMN37JBのトルク-回転速度-電流特性を**図4-2**に示します．

● 効率を求める式

　モータの出力P_o[W]は，トルクをT[N・m]，回転速度を回転角速度Ω[rad/s]で表したとき，

$$P_o = T\Omega \qquad\qquad (4\text{-}1)$$

となります．回転速度をN[r/min]で表したとき，次のようになります．

$$P_o = TN\frac{2\pi}{60} \fallingdotseq TN \times 0.1047 \qquad\qquad (4\text{-}2)$$

　一方，モータの入力電力P_i[W]は，入力電圧をV_a，入力電流をI_aとすると，

$$P_i = V_a I_a \qquad\qquad (4\text{-}3)$$

となるので，モータの効率η[%]は，次式から求めることができます．

$$\eta = \frac{P_o}{P_i} \times 100 = \frac{TN}{V_a I_a} \times 0.1047 \times 100 \qquad\qquad (4\text{-}4)$$

　モータのトルクがゼロ，すなわち無負荷回転のときと，モータの回転速度がゼロ，すなわち起動時(あるいは停動時)は，モータの出力はゼロとなり，効率もこの点ではゼロです．

〈表4-1〉DMN37シリーズの標準仕様[1]

型　名	定　格					無負荷		停動トルク（参考）
	出力 [W]	電圧 [V]	トルク [mN・m]	電流 [A]	回転速度 [r/min]	電流 [A]	回転速度 [r/min]	[mN・m]
DMN37SA	4.6	12	9.8	0.78	4500	0.26	5500	54
DMN37SB	4.6	24	9.8	0.37	4500	0.12	5500	54
DMN37BA	7.2	12	14.7	1.01	4700	0.25	5500	98
DMN37BB	7.2	24	14.7	0.53	4700	0.13	5500	98
DMN37KA	9.2	12	24.5	1.20	3600	0.27	4300	160
DMN37KB	9.2	24	24.5	0.60	3600	0.14	4300	160
DMN37JB	14.7	24	39.2	0.94	3600	0.16	4300	240

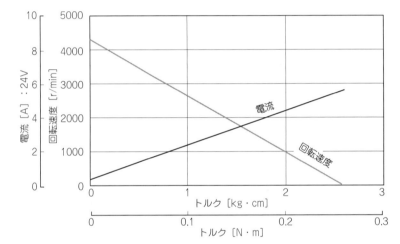

〈図4-2〉トルク‐回転速度‐電流特性（DMN37JB）
電流はトルクに比例し，回転速度はトルクに反比例する

● モータの定格出力

　表4-1の定格出力は，上記の効率がほぼ最大になる点における，定格トルクと定格回転速度から得られる値となっています．この定格ポイントで連続的に運転できるときは連続定格，温度上昇が原因で連続的な運転ができない仕様のものは短時間定格と呼びます．運転条件は別途定めることになります．

　DMN37JBは短時間定格のモータで，デューティ50%の間欠動作／運転が使用条件です．

　実際には，制御用のモータは定格ポイントだけで運転することはあまりありません．起動と停止あるいは加速／減速時をくり返し，そのときに大電流を流し込むことになります．そのときの温度上昇がモータの耐熱温度を越えてはいけません．

　DMN37のロータの耐熱温度は155℃なので，必要に応じて，放熱対策を強化したり電流制限を行って入力を制限したりする必要があります．

4-2　等価回路を求める

　例題モータDMM37JBの諸特性を実測しながら等価回路を求める過程を説明します．

■ ステップ1…二つのキー・パラメータを求める

● 電機子抵抗R_a

ブラシ付きDCモータには，二つの端子(または2本のリード線)しかありません．端子に電圧を印加する前に，この端子間の直流抵抗を測ってみます．

この端子間の直流抵抗は，厳密にはブラシそのものの抵抗と，ブラシとコミュテータの接触抵抗，および巻き線の抵抗が直列接続されたものです．ここではまとめて電機子抵抗R_aと置きます．

接触抵抗の値は測定電流によって変わることがあるので，テスタなどの微少電流による方法ではなく，一般に定電流(例えば1A，あるいは小さなモータでは定格電流値付近)を流して，電圧降下法により抵抗を算定します．ロータの位置を変えて5～10ポイント測定し平均値を求めます．

DMN37JBの測定値は次のようになりました．

第1回測定：$R_a = 3.6\Omega$ ………………………………………………………………………… (4-5a)

第2回測定：$R_a = 4.8\Omega$ ………………………………………………………………………… (4-5b)

実際には，この測定は上記のように接触抵抗のばらつきで数値が大きく変化します．例えば，慣らし運転の前後などでも変わるので，得られた値はある条件での参考値と考えたほうがよいです．

● 電機子インダクタンスL_a

電機子は巻き線なのでインダクタンスがあります．LCRメータなどを用いて端子間のインピーダンスを測定して，電機子抵抗R_aと電機子インダクタンスL_aを求めます．このときの測定周波数は一般に1kHzです．

DMN37JBの測定値は以下のようになりました．

$L_a = 2.91\mathrm{mH}$ ……………………………………………………………………………… (4-6)

LCRメータによる測定から，電機子抵抗R_aも求まりますが，測定した周波数と電流が異なるため，定電流法により求めたR_aとは大きく異なる値となります．

■ ステップ2…静特性を求める

次に，定常状態のモータの特性を測定します．定常状態とは，モータの端子電圧や回転速度が時間的に変化していない状態で，このときの特性を定常特性，あるいは静特性と呼びます．以下，時間的に変化しない量は大文字で表します．

● 端子電圧V_aと回転速度Nの関係

無負荷状態で端子電圧V_a[V]とモータの回転速度N[r/min]の関係を測定すると図4-3のようになります．「端子電圧V_aを上げると，回転速度Nは直線的に増加する」ことがわかります．

また，端子から流れ込む電流(モータは無負荷なので無負荷電流と言う)は，端子電圧と電機子抵抗からオームの法則により算定した値よりずっと小さな値で，回転速度の増加とともに少しだけ増えることがわかります．

ここで，端子電圧の変化にともない回転速度が変化するようすと，過大な電流が流れ込まない理由を理解するために，いくつか実験を行ってみましょう．

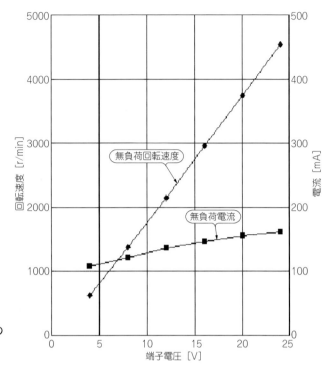

〈図4-3〉端子電圧V_aと回転速度Nおよび電流I_aの
関係
端子電圧を上げると，回転速度は直線的に増加する

● 回転速度Nと誘導起電力E_mの関係

　モータの端子に電圧計を接続して，モータを手で回すと端子に電圧が発生します．この電圧を誘導起電力と呼びます．このようにモータを外力で回すとモータが発電機となり，モータの出力軸を時計方向（CW：Clockwise）に回したとき，誘導起電力の方向は赤色端子側がプラス，黒色端子側がマイナスとなります．

　回転速度N[r/min]と誘導起電力E_m[V]の関係を測定してみると**図4-4**のようになります．「誘導起電力E_mは，回転速度Nに比例して増加する」ことがわかります．

　これを式で表すために，比例定数をA[V/(r/min)]とすると，

$$E_m = AN[\text{V}] \quad\cdots\cdots\cdots\cdots\cdots\cdots\cdots\cdots\cdots\cdots\cdots\cdots\cdots\cdots\cdots\cdots\cdots\cdots\cdots (4\text{-}7)$$

と表すことができ，グラフからAの値を求めると，

$$A = 5.10 \times 10^{-3}\text{V/(r/min)} \quad\cdots\cdots\cdots\cdots\cdots\cdots\cdots\cdots\cdots\cdots\cdots\cdots (4\text{-}8)$$

となります．この比例定数Aを誘導起電力定数と呼びます．

　ここでは，回転速度の単位に実用的な[r/min]を用いて，誘導起電力定数の単位も[V/(r/min)]としましたが，モータの理論計算を行うときには，回転速度にSI単位の回転角速度Ω[rad/s]を用いて，誘導起電力定数の記号もK_E[V/(rad/s)]と表すのが一般的です．上記のAの値をK_Eで表すと次のようになります．

$$K_E = 0.0487\text{V/(rad/s)} \quad\cdots\cdots\cdots\cdots\cdots\cdots\cdots\cdots\cdots\cdots\cdots\cdots\cdots\cdots (4\text{-}9)$$

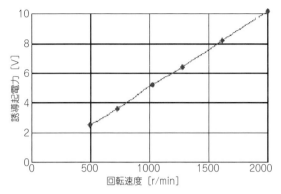

〈図4-4〉回転速度Nと誘導起電力E_mの関係
誘導起電力は，回転速度に比例する

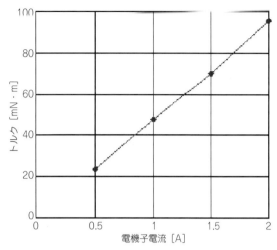

〈図4-5〉電機子電流I_aとトルクT_mの関係
トルクは，電機子電流に比例する

　この誘導起電力は，モータに電圧を印加して回転しているときにも当然発生しています．したがって，モータに電圧を加えたときには，電機子電流の電機子抵抗による電圧降下と誘導起電力の和が端子電圧とバランスする回転速度で，モータが回転します．これを式で表すと次のようになります．

$$V_a = R_a I_a + E_m = R_a I_a + AN \quad\text{(4-10)}$$

● トルクT_mと電機子電流I_aの関係

　止まっているモータのシャフトをつかんだ状態で電圧を加え，流れる電流（電機子電流）をゆっくり増やしてみると，モータの回転力がだんだん大きくなることがわかります．

　モータの回転力をトルクと呼び，回転中心からr[m]離れた位置で接線方向の作用力がF[N]のとき，トルクT_m[N・m]は，

$$T_m = F_r[\text{N・m}] \quad\text{(4-11)}$$

となります．

　電機子電流I_a[A]とトルクT_m[N・m]の関係を測定すると，**図4-5**のようになります．「トルクT_mは，電機子電流I_aに比例する」ことがわかります．これを式で表すため，比例定数をK_T[N・m/A]とすると，

$$T_m = K_T I_a \quad\text{(4-12)}$$

と表すことができ，グラフからK_Tの値を求めると，

$$K_T = 0.0477\text{N・m/A} \quad\text{(4-13)}$$

となります．この比例定数K_Tをトルク定数と呼びます．

● 負荷トルクT_Lと回転速度Nの関係

　端子電圧が一定のとき，回っているモータのシャフトをつかんだりして負荷を加えると，回転速度が落ちます．負荷トルクT_L[N・m]と回転速度N[r/min]の関係をトルク-回転速度特性（T-N特性）と呼び，さらにこれに電流I_a[A]を加えたものをトルク-回転速度-電流特性（T-N-I特性）と呼びます．

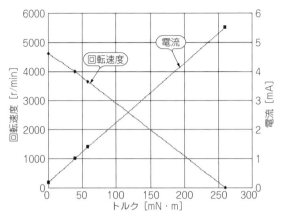

〈図4-6〉トルク – 回転速度 – 電流特性（*T-N-I*特性）
負荷トルクが増えると，回転速度は直線的に下がり，電流は直線
的に増加する．回転速度がゼロのとき，すなわち起動時のトルク
がもっとも大きい

　トルクを測定するにはトルク・メータが必要です．小型モータの場合，モータのシャフトに取り付け
たプーリに糸を巻き付け，プーリとの摩擦で生じた負荷をばねばかりで読み取る「糸掛けプーリ法」が
簡便な測定法としてよく用いられています．

　半径1cmのプーリを用いれば，ばねばかりの読み[g]からトルク[gf・cm]が直接読み取れます．この
測定は，使用する糸の材質や巻き付け回数など，ある程度慣れが必要で，巻き付けた糸の末端には力を
掛けないことがポイントです．

　回転速度は，プーリに反射テープなどを貼り付け，反射型のセンサでパルス信号を取り出し，パルス・
カウンタ方式の回転速度計で読み取ります．**写真4-2**に測定装置の一例を，**図4-6**に測定結果の一例を
示します．この例は，メーカのエンジニアが22台のサンプルを測定した結果から，平均値を算定して
作成したものです．

　トルク-回転速度-電流特性から次の二つのことがわかります．

（1）負荷トルクが増えると回転速度は直線的に下がり，電流は直線的に増加する

（2）回転速度がゼロのとき（起動時）のトルクが最も大きい

　回転速度は直線的に下がります．この特性を垂下特性と呼びます．

　以上の結果から，ブラシ付きDCモータは，負荷トルクや端子電圧が変化すると回転速度がすなおに
変わるモータで，定速回転をさせるときは，なんらかの制御手段が必要なことがわかります．諸特性が
直線的に変化するので，非常に制御しやすいモータであると言えます．

● K_TとK_Eの関係

　これまで，トルク定数K_Tと誘導起電力K_Eを，それぞれ別々に定義してきましたが，両者の間には
モータ構造で決まる特別な関係があると考えられます．

　そこで，たとえばK_E[V/(rad/s)]の単位を，SI単位の約束に従い次のように変換してみると，

$$[V/(rad/s)] = [J/C] \cdot [s] = \frac{[kg \cdot m^2 \cdot s^2]}{[A \cdot s]} \cdot [s]$$

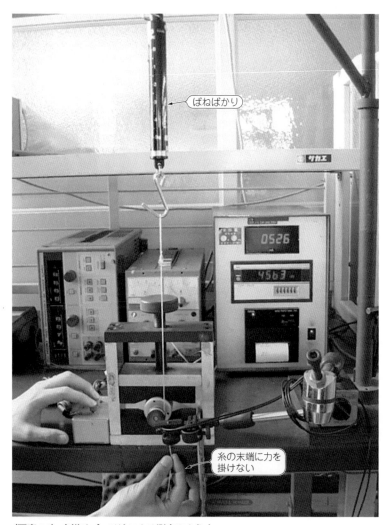

〈写真4-2〉 糸掛けプーリ法による測定のようす

$$= \frac{[\mathrm{kg \cdot m^2 \cdot s^2}]}{[\mathrm{A}]} = \frac{[\mathrm{kg \cdot m \cdot s^2}] \cdot [\mathrm{m}]}{[\mathrm{A}]}$$

$$= [\mathrm{N \cdot m/A}] \cdots\cdots\cdots\cdots\cdots\cdots\cdots\cdots\cdots\cdots\cdots\cdots\cdots\cdots\cdots\cdots\cdots\cdots\cdots\cdots (4\text{-}14)$$

となり，トルク定数の単位と一致します．すなわちSI単位で表した誘導起電力定数の数値は，トルク定数の数値と一致します．

■ ステップ3…動特性を求める

　速度制御や位置制御，トルク制御を行うときは，モータの入力電圧や電流を変化させる必要があります．

　時間的に変化する入力に対する出力の時間的応答を動特性と呼びます．動特性の測定にはステップ応

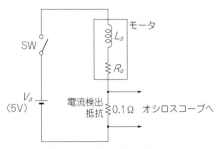

〈図4-7〉 電気的時定数の測定回路
モータ・シャフトは回転しないようにロックして
おく

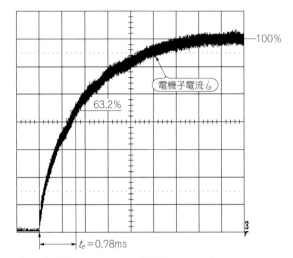

〈図4-8〉 電流の立ち上がり特性(0.5ms/div.)
電流はインダクタンスの影響で立ち上がりが遅れ，指数関数的に
増加する

答法や周波数応答法が用いられますが，ここでは測定が簡単なステップ応答法で実測します．以下，時間的に変化する量は小文字で表すことにします．

● 電流のステップ応答：電気的時定数

電機子にステップ状の電圧 V_a を印加して，電機子電流 i_a の立ち上がり特性を測定します．モータが回転すると，誘導起電力が発生するので，ここではモータ・シャフトが回転しないようにロックしておきます．電流は0.1Ωの検出抵抗を挿入し電圧降下から求めます．このときの測定回路を**図4-7**に，測定結果を**図4-8**に示します．

電流 i_a は電機子インダクタンス L_a の影響で立ち上がりが遅れ，指数関数的に増加します．**図4-8**から最大電流の63.2%に達するまでの時間，すなわち定数 t_e を読みとると，

$$t_e = 0.78\text{ms} \quad \cdots\cdots (4\text{-}15)$$

となります．

電機子抵抗 R_a と L_a の直列回路の時定数は次式です．

$$t_e = \frac{L_a}{R_a} \quad \cdots\cdots (4\text{-}16)$$

この式に式(4-5a)の R_a を代入して L_a を計算すると，

$$L_a = t_e R_a = 2.81\text{mH} \quad \cdots\cdots (4\text{-}17)$$

となり，式(4-5b)の R_a を代入すると，

$$L_a = t_e R_a = 3.74\text{mH} \quad \cdots\cdots (4\text{-}17)$$

となります．

測定時の電機子抵抗 R_a が正確に把握できない場合，電気的時定数から電機子インダクタンスを求めるのは難があることがわかります．

● 回転速度のステップ応答：機械的時定数

モータにステップ状の電圧V_aを印加したときのモータの回転速度nの立ち上がりを測定してみます．回転速度を求めるには，モータにインクリメンタル・エンコーダを取り付け，その出力パルスをF-Vコンバータで電圧に変換します．ここで電機子電流i_aの変化もいっしょに測定します．このときの測定回路を**図4-9**に，回転速度nの立ち上がり特性と電機子電流i_aの変化を**図4-10**に示します．

モータの回転速度nは指数関数的に増加し，最大回転速度の63.2%に達するまでの時間（機械的時定数t_m）を求めると，

$$t_m = 11\mathrm{ms} \cdots\cdots\cdots\cdots\cdots (4\text{-}18)$$

となります．

電機子電流i_a（起動電流）は**図4-8**の電気的時定数で立ち上がります．モータが回転するにつれ誘導起電力が大きくなるので電流は減少し，最終的に無負荷電流の値になります．最大電流から63.2%に減少するまでの時間tを求めると，

$$t = 12\mathrm{ms} \cdots\cdots\cdots\cdots\cdots (4\text{-}19)$$

となり，回転速度の立ち上がり特性から求めた機械的時定数t_mとほぼ等しくなります．

機械的時定数に比べると，上記の電気的時定数はずっと小さいので，一般に電気的時定数は無視することができます．

■ ステップ4…数式化と等価回路

上記の実験結果から，ブラシ付きDCモータの特性を数式と等価回路で表すことができます．

これまでモータの回転速度を実用的な単位でNまたはn[r/min]としてきましたが，以下ではSI単位に統一して回転角速度ω_r[rad/s]を用います．

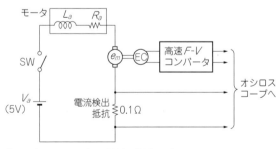

〈図4-9〉モータの起動特性の測定回路
F-Vコンバータを使用し回転数を電圧に変換する

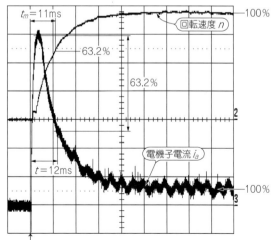

〈図4-10〉モータの起動特性（10ms/div.）
電気系と機械系が混在する

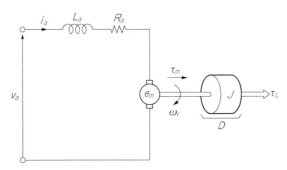

〈図4-11〉 ブラシ付き DC モータの等価回路

● **電気回路方程式**

電気回路方程式は次のように表すことができます.

$$\left.\begin{array}{l} v_a = L_a \dfrac{di_a}{dt} + R_a i_a + e_m \\[2mm] e_m = K_E \omega_r \end{array}\right\} \quad \text{(4-20)}$$

ただし, v_a：印加電圧[V], i_a：電機子電流[A], R_a：電機子抵抗[Ω], L_a：電機子インダクタンス[H], e_m：誘導起電力[V], K_E：誘導起電力定数[V/(rad/s)], ω_r：回転角速度[rad/s]

● **運動方程式**

機械系の運動方程式は, モータの回転子慣性モーメント J[kg・m^2]と粘性制動係数 D[N・m/(rad/s)]を考慮して, 次のように表されます.

$$\left.\begin{array}{l} \tau_m - \tau_L = J \dfrac{d\omega_r}{dt} + D\omega_r \\[2mm] \tau_m = K_T i_a \end{array}\right\} \quad \text{(4-21)}$$

ただし, τ_m：モータの発生トルク「N・m」, τ_L：負荷トルク[N・m], J：ロータの慣性モーメント[kg・m^2], ω_r：回転角速度[rad/s], D：粘性制動係数[N・m/(rad/s)], K_T：トルク定数[N・m/A], i_a：電機子電流[A]

*

ブラシ付き DC モータを等価回路で表すと, **図4-11**のようになります.

モータの諸特性を算定するときは, 上記の電気系および機械系の式を解く必要があります. しかし, 微分方程式のままでは扱いにくいので, 制御工学では, ラプラス変換を活用して伝達関数の形式で各要素を表し, さらにブロック線図でそれを図形化してわかりやすい表現にして解析を進めます.

■ 小さな力で大きな物を回せるようにしてくれる「減速機構」(2)

　動作速度はゆっくりでよいけれど大きな力が必要な駆動対象をモータで駆動するためには，トルクの大きなモータが必要です．

　モータから大きなトルクを出すには，トルク定数K_Tの大きなモータに，大きな電流を流します．

　トルク定数K_Tと，モータの構造に関係する所定数(電機子の全導体数Z，磁束密度B，導体長l，および導体位置の半径r)の間には，次式のような関係があります．

　　$K_T \propto ZBlr$

　K_Tを大きくするには，Z，B，l，r，のいずれか，または全てを大きくする必要があります．Z，l，rを大きくすると，モータの形状は大きくなり，当然重量も重くなります．Bを大きくするには，高性能磁石を使用するか，磁石の使用量を増やす必要があり，当然コストアップを招きます．

　これをある程度解決するのが減速機構です．トルク定数K_Tと誘導起電力定数K_Eの数値は等しいという性質があるので，K_Tの大きなモ

ータは低速回転型，K_Tの小さなモータは高速回転型となります．

　トルクの小さなモータでも，駆動対象とモータの間に，歯車機構やその他の機構による減速構造を挿入することで大きなトルクを発生することができます．減速機構の働きを，**図4-A**に示すように平歯車機構で説明すると，以下のようになります．

　モータと負荷の慣性モーメントをそれぞれJ_m，J_Lとし，歯車の減速比をγ($\gamma > 1$)とします．モータ軸を1，負荷軸を2とし，モータ軸の歯車を歯車1，負荷軸の歯車を歯車2とし，それぞれの回転角をθ_1，θ_2とします．モータの発生トルクをτ_mとし，歯車1，2の歯数をZ_1，Z_2，伝達トルクをτ_1，τ_2，慣性モーメントをJ_{T1}，J_{T2}とし，負荷トルクをτ_Lとします．歯車の伝達効率を100%とし，かつ粘性制動係数も無視すると，以下の式が成り立ちます．

　　$J_1 = J_m + J_{T1}$
　　$J_2 = J_L + J_{T2}$

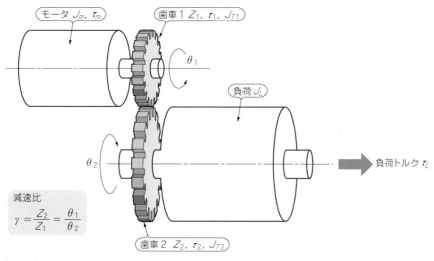

モータ J_m, τ_m　　　歯車1 Z_1, τ_1, J_{T1}

θ_1

負荷 J_L

θ_2

負荷トルク τ_L

減速比
$$\gamma = \frac{Z_2}{Z_1} = \frac{\theta_1}{\theta_2}$$

歯車2 Z_2, τ_2, J_{T2}

〈図4-A〉平歯車減速機構

$$\tau_m = J_1 \frac{d^2\theta_1}{dt^2} + \tau_1$$

$$\tau_2 = J_2 \frac{d^2\theta_2}{dt^2} + \tau_L$$

$$\frac{\tau_1}{\tau_2} = \frac{Z_1}{Z_2} = \frac{1}{\gamma} = \frac{\theta_1}{\theta_2}$$

　これらの式から，以下のような関係が求まります．

$$\tau_1 = \frac{\tau_2}{\gamma}$$

$$\tau_m = \frac{\tau_1}{\tau_2} = \frac{Z_1}{Z_2} = \frac{1}{\gamma} = \frac{\theta_1}{\theta_2}$$

$$\tau_m = J_1 \frac{d_2\theta_1}{dt^2} + \frac{J_2}{\gamma} \cdot \frac{d_2\theta_2}{dt^2} + \frac{\tau_L}{\gamma}$$

$$= \left(J_1 + \frac{J_2}{\gamma_2} \right) \frac{d_2\theta_1}{dt_2} + \frac{\tau_L}{\gamma}$$

　すなわち，減速比 γ の減速機構を用いると，以下のような効果が得られます．

- 負荷軸を駆動するトルク τ_2 は，モータ軸に換算すると $1/\gamma$ になる
- 負荷軸の慣性モーメント J_2 は，モータ軸に換算すると $1/\gamma^2$ に低減する

　減速機構を介在させると，このようなメリットがある反面，それらのもつ遊びやガタあるいは弾性変形などによる伝達誤差を発生するデメリットを生じることがあります．これを避けるために，駆動対象をモータで直接駆動（ダイレクト・ドライブと呼ぶ）しようとすると，必然的にトルクの大きなモータが必要です．

第5章

回転/停止や加減速/逆転

ブラシ付きDCモータの駆動回路

　ブラシ付きDCモータは，電圧を印加するだけですぐに回り出しますが，回転/停止，加速/減速，正転/逆転，定速/変速といったきめ細かな運転が求められます．そのためには，回路を使っていろいろな制御を加える必要があります．本章では，ブラシ付きDCモータの駆動方法を整理します．

5-1 回転と停止

　電源とモータの間に接点を入れて開閉すれば，回したり止めたりできます．
　接点の開閉を手動で操作するときはスイッチを使い，電気信号で行うときは電磁リレーを利用します．いずれも接点を使っているので接点方式または有接点方式と呼びます．接点をトランジスタなどの半導体スイッチに置き換えたときには，無接点方式と呼びます．

● 接点方式

　回路を図5-1に示します．SW$_1$を回転側にすると，モータに電圧が印加されモータが回り出します．単純で動作がわかりやすい方式ですが，接点の選択には注意が必要です．ブラシ付きDCモータは，停止しているときは誘導起電力が発生していないので，起動時には電機子抵抗と電機子インダクタンスの直列回路に電圧が印加されます．電機子抵抗は比較的小さいので，大きな突入電流が流れます．接点の電流容量はこの突入電流を考慮して決める必要があります．
　モータが回転中にSW$_1$を停止側に戻すと，電源が切り離されモータに電圧が印加されなくなるので，モータは惰性でしばらくの間回転してやがて止まります．電流を遮断するときには，電機子インダクタンスの影響で高い誘導起電力が発生して，接点間にアークが生じて電流がつながる現象が起こりやすくなります．アークの発生は接点寿命を短くするので，アークの発生をできるだけ抑える対策が必要です．

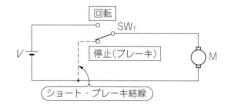

〈図5-1〉スイッチを使った「接点方式」の回転/
停止制御回路

▶モータの停止時間の短縮

図5-1において，SW₁を停止側に切り替えてからモータが停止するまでの時間を，第4章の実験で利用したDMN37JBを用いて測定してみました(図5-2)．この時間は，負荷を含めたロータの慣性モーメントが大きいほど長くなります．

ここではわかりやすくするために，モータ軸に慣性負荷としてプーリを取り付けて，停止時間が長くなるようにしました．使用したプーリの慣性モーメントは約23.4×10^{-6}kg・m²で，モータのロータ慣性モーメント5.9×10^{-6}kg・m²の約4倍です．

ここで，図5-1の破線のように結線を追加して，SW₁を停止側にしたときにモータの端子をショート(短絡)すると，モータが回転中に発生している誘導起電力が短絡され，電機子巻き線に電流が流れます．

このときの電流の方向は回転中とは逆の方向になるので，モータにはブレーキ力(制動力)が加わり，モータの停止時間が短くなります．この方法をショート・ブレーキ(短絡制動)と呼びます．図5-3に示すように，ショート・ブレーキの効果でモータの停止時間は図5-2に比べるとずっと短くなります．

ショート・ブレーキによる停止時間の短縮は確かに効果がありますが，停止までの時間や回転数(または回転角)などは成り行きで，決まった値は期待できません．停止精度が要求される用途の場合は，速度センサや角度センサを使って，速度制御や位置制御を行う必要があります．

▶接点方式の特徴

半導体スイッチが進歩した現在では，無接点方式が主流ですが，接点方式にもそれなりのメリットがあります．接点方式のメリットとデメリットを次に示します．

- 回路の動作がわかりやすい．開放型や透明ケース入りのリレーを用いれば，接点部の状態から動作モードを判断できる
- モータ部のパワー回路と，制御部の信号回路間のアイソレーション(絶縁)が簡単にできる
- リレーは応答の速い動作は難しい
- リレーには機械的な動作寿命と電気的な接点寿命があり，いずれも有限の値である

回路の動作がわかりやすいことは重要です．モータが動かなくなったときの動作チェックやその原因究明，さらには復旧までの時間が短縮できます．半導体部品の動作は外観から判断できませんが，接点部が見えるリレーを用いた場合，機械的な動きや火花の発生具合，または接点溶着の有無などが目で確

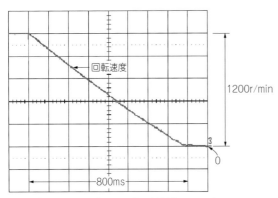

〈図5-2〉電源オープン時の停止特性(0.1s/div.)
負荷を含めたロータの慣性モーメントが大きいほど長くなる

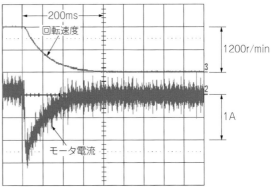

〈図5-3〉ショート・ブレーキ時の停止特性(50ms/div.)
ショート・ブレーキの効果でモータの停止時間は図5-2に比べると短くなる

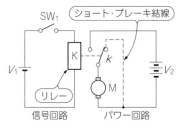

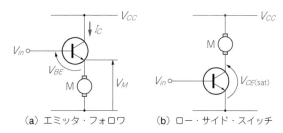

〈図5-4〉 リレーを使った接点方式の信号
回路とパワー回路のアイソレーション
接点方式の場合，アイソレーションが容易
に実現できる

〈図5-5〉 トランジスタを使った「無接点方式」の回転/停止
制御回路

認できます.

　ハイ・パワー・モータの高電圧 / 大電流のパワー回路は電磁ノイズを発生しやすく，信号回路に飛び
込むと誤動作の原因になります. 接点方式は，**図5-4**のようにパワー回路と信号回路間には，何も接続
のない状態（アイソレーション）が容易に実現できるので，誤動作しにくい駆動回路を期待できます.

● **無接点方式**

　接点をなくして無接点化するには，接点部をトランジスタなどの半導体スイッチに置き換えます. 半
導体スイッチとして主にトランジスタが使われます.

▶回路

　トランジスタを介して電源とモータを接続するには，**図5-5**に示すようにエミッタ側に入れる方法と，
コレクタ側に入れる方法が考えられます.

　図5-5 (a)はモータをトランジスタのエミッタ側に接続する方式でエミッタ・フォロワになります.
入力電圧（ベース電圧）V_{in}と出力電圧（モータ端子電圧）V_Mの関係は，ベース-エミッタ間電圧をV_{BE}と
すると式(5-1)のようになります. V_{BE}が無視できるような領域では，入力電圧V_{in}でモータ端子電圧
V_Mを制御していることになります.

$$V_M = V_{in} - V_{BE} \fallingdotseq V_{in} \cdots\cdots\cdots\cdots\cdots\cdots\cdots (5\text{-}1)$$

　このとき，トランジスタのコレクタ-エミッタ間には，電源電圧V_{CC}とモータ端子電圧V_Mとの差の
電圧が加わっており，コレクタ電流をI_Cとすると，コレクタ損失$I_C V_{CE}$が発生します. つまりトランジ
スタは電圧ドロッパの働きをしているので抵抗制御法とも呼ばれます.

$$I_C V_{CE} = I_C (V_{CC} - V_M) \cdots\cdots\cdots\cdots\cdots\cdots\cdots (5\text{-}2)$$

　特にV_Mが小さく（モータの回転速度が遅く）コレクタ電流が大きいとき（発生トルクが大きいとき）に
は，大きな電力損失が発生します.

　ベース電圧で簡単にモータの回転速度が変えられる利点はありますが，コレクタ損失が大きいと放熱
対策が大掛かりとなり電力効率も悪くなるので，一般に小さなモータの駆動にしか向いていません.

　図5-5 (b)はモータをコレクタ側に接続する方式です. トランジスタのコレクタ損失を小さくするに
は，トランジスタを飽和領域，つまりコレクタ-エミッタ間電圧をもっとも小さい$V_{CE(\mathrm{sat})}$の状態で使
用します.

　この回路はスイッチとして使用するのが一般的であり，ロー・サイド・スイッチとも呼ばれます.

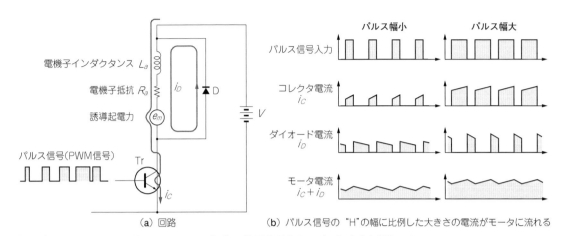

(a) 回路　　　　　(b) パルス信号の"H"の幅に比例した大きさの電流がモータに流れる

〈図5-6〉図5-5 (b)のV_{in}に矩形波を加えて"H"の期間を調整すれば回転速度を制御できる
高速にON/OFFを行う. OFF時間にはトランジスタでの電力損失はない. ON時間も飽和領域動作で損失が少ない. 高効率の駆動が実現できる

▶PWM制御

　トランジスタのスイッチング動作でモータの回転速度を変える方法として考えられたのが，PWM（Pulse Width Modulation：パルス幅変調）制御方式です．

　図5-6にPWM制御方式の原理を示します．トランジスタのベースに連続的なパルス信号を加えると，入力信号が"H"のときトランジスタTrがONとなりモータに電流i_Cが流れます．

　電流の立ち上がり特性はモータの電気的時定数で決まります．このときモータのコイルのインダクタンスにはエネルギーが蓄えられます．

　次に入力信号が"L"でトランジスタがOFFになったとき，このコイルに蓄えられたエネルギーによってモータに並列に接続されたダイオードDを通って電流i_Dが流れ，電機子抵抗R_aとダイオードDの損失などで減衰します．つまりトランジスタがOFFになっても，モータ電流は途切れず流れ続けます．

　図5-6に示すように，入力信号のデューティ比（ON時間の割合）を変えるとモータへの供給電力が変化するので，モータの回転速度もそれに対応して変化します．

　このようにPWM制御では，トランジスタのOFF時間には電力の損失はなく，ON時間も飽和領域を使用して損失を軽減しています．厳密にはダイオードでの損失やトランジスタのスイッチング・ロスがありますが，前記のエミッタ・フォロワに比べると格段に高効率の駆動が実現できます．スイッチング・トランジスタの電力損失は，バイポーラ型ではコレクタ電流をI_Cとし，コレクタ-エミッタ間飽和電圧を$V_{CE(sat)}$とすると$I_C V_{CE(sat)}$となり，MOSFETではドレイン電流をI_D，ドレイン-ソース間ON抵抗を$R_{DS(ON)}$とすると$I_D^2 R_{DS(ON)}$となります．

　素子メーカでは$V_{CE(sat)}$や$R_{DS(ON)}$を小さくする努力が進められています．

5-2 双方向回転と停止

　ブラシ付きDCモータを双方向に回すには，モータ端子電圧の極性を反転するしくみが必要です．

● 接点方式

　図5-1の回路を2組，電源の極性を変えて組み合わせると図5-7のようになり，1回路3接点のスイッチで正転/ブレーキ/逆転ができます．ブレーキが不要のときは中立OFFの単極双投スイッチが使えます．スイッチが簡単になる代わりに，電源は2組必要です．

　図5-7のスイッチを2個のスイッチに分けて，モータを中心にして，図5-8のように上下に配置した回路をハーフ・ブリッジ回路と呼びます．

　1個の電源で双方向回転を実現するには，図5-9のように，スイッチの方を2組，すなわち2回路3接点のスイッチを使います．こちらもブレーキが不要なら，中立OFFの2極双投スイッチが使えます．図5-7よりやや複雑ですが，電源は1個で済みます．

　図5-9の2組のスイッチを4個のスイッチに分けて，モータを中心にして図5-10に示すようにH型に配置した回路をHブリッジ回路またはフル・ブリッジ回路と呼びます．この回路でスイッチの開閉パターンを表5-1のように切り替えると，モータの正転/逆転/オープン/ショートの4パターンの動作を行うことができます．

● 無接点方式

　接点方式のハーフ・ブリッジ回路とフル・ブリッジ回路の接点部をトランジスタに置き換えれば，そ

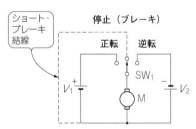

〈図5-7〉接点方式の双方向回転/停止制御回路（2電源）
スイッチが簡単になる代わりに，電源は2組必要となる欠点がある

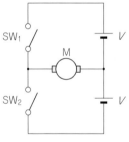

〈図5-8〉接点方式の双方向回転/停止制御回路（ハーフ・ブリッジ回路）
図5-7のスイッチを2個のスイッチに分けて，モータを中心にして上下に配置

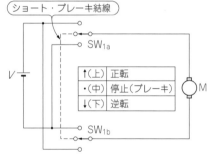

〈図5-9〉接点方式の双方向回転/停止制御回路（1電源）
2回路3接点のスイッチを使用することで，電源は1組で済む

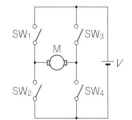

〈図5-10〉接点方式の双方向回転/停止制御回路（フル・ブリッジ回路）
モータの正転/逆転/オープン/ショートの4パターンの動作を行うことができる

〈表5-1〉図5-10におけるスイッチの開閉パターン

SW_1	SW_2	SW_3	SW_4	出力モード
ON	OFF	OFF	ON	正転
OFF	ON	ON	OFF	逆転
OFF	ON	OFF	ON	ショート（ブレーキ）
OFF	OFF	OFF	OFF	オープン（ストップ）

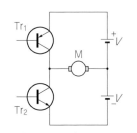

〈図5-11〉トランジスタによる無接点方式の回転/停止制御回路（ハーフ・ブリッジ回路）
図5-8をトランジスタで置き換えた回路

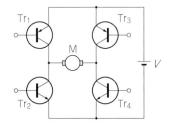

〈図5-12〉トランジスタによる無接点方式の回転/停止制御回路（フル・ブリッジ回路）
図5-10をトランジスタで置き換えた回路

れぞれ無接点化することができます．

▶ハーフ・ブリッジ回路（2電源方式）

　図5-8のハーフ・ブリッジ回路をトランジスタに置き換えると**図5-11**のようになります．電源は2個必要ですが，スイッチング素子の数は2個で済みます．

　パワー・トランジスタの場合はNPNとPNPを，MOSFETの場合はNチャネルとPチャネルの組み合わせにすると駆動回路がシンプルになります．

▶フル・ブリッジ回路（1電源方式）

　図5-10のフル・ブリッジ（Hブリッジ）回路をトランジスタに置き換えると，**図5-12**のようになります．

　ハーフ・ブリッジ回路は電源が2個必要なので，フル・ブリッジ回路のほうが多く用いられています．

　図5-12のTr_1，Tr_3を上アーム，Tr_2，Tr_4を下アームと呼びます．上下アームのTr_1とTr_2，またはTr_3とTr_4が同時にONになると，電源を短絡する貫通電流が流れてトランジスタが壊れるので，絶対にそのようなモードが発生しないように注意する必要があります．

　フル・ブリッジ回路とその周辺回路を個別半導体で組み立てて，上記の貫通電流の発生を抑えるのはなかなかたいへんなことです．現在では，周辺機能まで含めてIC化されたDCモータ用フル・ブリッジ・ドライバICがあるので，それらを採用するとよいでしょう．

　フル・ブリッジ・ドライバICには多くの種類があって選定に迷いますが，ここでは例として代表的な品種を**表5-2**，**写真5-1**に示します．

　これらのフル・ブリッジ・ドライバは，正転/逆転/ストップ/ブレーキの4モードの基本機能に加え，熱遮断や過電流保護回路も内蔵しており，使いやすくできています．

　図5-13に，基本的な機能のみを備えたTA8428K（S）のブロック図と動作モードの真理値表を示します．その他のICについては次項で説明します．

5-3 回転速度を変える

　ブラシ付きDCモータの回転速度を変えるには，モータの端子電圧を変化させる必要があります．

　接点方式の場合，電源電圧を変えるしか方法がありません．トランジスタを用いた無接点方式では，電源電圧は一定のままでもトランジスタを利用してモータ電圧を変えることが可能です．

〈表5-2〉DCモータ用フル・ブリッジ・ドライバICの例

型　名		動作出力電流[A]		動作電源電圧[V]			その他の機能
		$I_{O(peak)}$	$I_{O(ave)}$	ロジック側 V_{CC}	出力側 V_S	制御 V_{ref}	
TA7291	P	2.0	1.0	4.5 ~ 20	0 ~ 20	0 ~ 20	–
	S/F	1.2	0.4				
TA8428	K(S)	3.0	1.5	7 ~ 27	–	–	–
	F	2.4	0.8				
TA8429	H/HQ	4.5	3.0	7 ~ 27	0 ~ 27	–	スタンバイ
TB6549	P/F	3.5	2.0	10 ~ 27	–	–	PWM スタンバイ
	HQ	4.5	3.5				

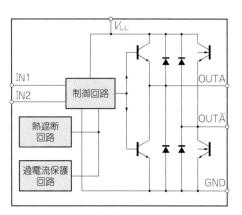

（a）ブロック図

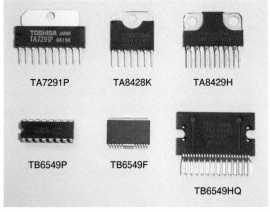

TA7291P　TA8428K　TA8429H

TB6549P　TB6549F

TB6549HQ

〈写真5-1〉DCモータ用フル・ブリッジ・ドライバICの外観
（東芝）

入力		出力		出力モード
IN1	IN2	OUTA	OUTĀ	
H	H	L	L	ブレーキ
L	H	L	H	逆転
H	L	H	L	正転
L	L	OFF(ハイ・インピーダンス)		ストップ

（b）真理値表

〈図5-13〉[1] TA8428K（S）のブロック図と動作モードの真理値表

● 一方向回転

　図5-5(a)のエミッタ・フォロワ回路を用いれば，ベース電圧でモータ端子電圧をコントロールできます．ただし，コレクタ損失が大きく効率の良いドライブには向きません．

● 双方向回転

▶2電源方式

　図5-11のトランジスタによるハーフ・ブリッジ回路を利用して，図5-14のように加える入力電圧を変えると，正転から逆転の全範囲に渡ってモータの回転速度をコントロールできます．

　入力電圧V_{in}と出力電圧V_M（あるいは回転速度）の関係は図5-15のようになり，トランジスタのV_{BE}（約0.6V）によるデッド・ゾーンが生じます．モータが完全に回らない領域として，このデッド・ゾーンを利用することもできます．

　デッド・ゾーンをなくすにはいくつかの方法がありますが，ここでは省略し稿末に参考文献を示すに留めます[2]．

▶1電源方式

　フル・ブリッジ・ドライバICは，1電源で正転/逆転ができるのが特徴ですが，この中にはモータの

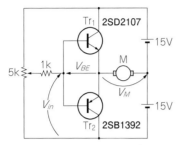

〈図5-14〉ハーフ・ブリッジ回路を
利用して回転速度を変更する回路

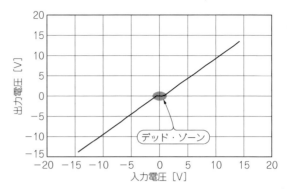

〈図5-15〉図5-14の入出力特性（電源電圧：±15V）
トランジスタのV_{BE}（約0.6V）によるデッド・ゾーンが生じる

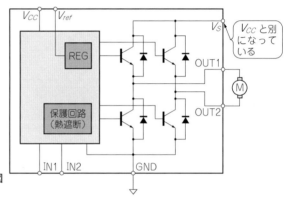

〈図5-16〉[1]　フル・ブリッジ・ドライバTA7291のブロック図
V_S端子の電圧を変えるとモータの回転速度を変更できる

回転速度を変える機能を持つものもあります．回転速度を変える方式はいろいろあるので，代表的なものをいくつか説明します．

(1) TA7291P/S/F[3]

ポピュラなフル・ブリッジ・ドライバICで，小さなモータをドライブする用途によく使われています．図5-16のブロック図に示すように，制御側（ロジック側）の電源V_{CC}と出力側（モータ側）の電源V_Sの端子が分かれているので，V_Sを変化させればモータの回転速度が変えられます．さらに，V_Sを固定したままでモータ電圧を制御できるV_{ref}端子があります．ただし，V_{ref}信号による動作は出力トランジスタを活性領域で制御しているので，発熱に注意する必要があります．

V_{ref}の電圧で出力電圧が変えられることは，制御ループの制御電圧をここに入力して制御系を組むことも可能そうですが，メーカではそのような使い方は想定していないようです．

(2) TA8429H[3][4]

出力電流が3.0A_{ave}，4.5A_{peak}と大容量で，TA7291より大きなモータを駆動できます．

制御側（ロジック側）の電源V_{CC}と出力側（モータ側）の電源V_Sの端子が分かれているので，V_Sを変化させればモータの回転速度が変えられます．外部に設けたPWM制御回路で電圧を発生させてV_Sに印加すれば高効率に回転を制御できます．

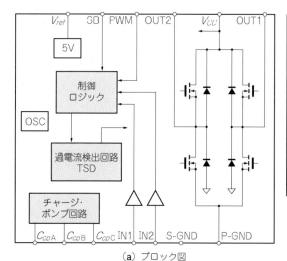

入力				出力		
IN1	IN2	SB	PWM	OUT1	OUT2	モード
H	H	H	H	L	L	ショート・ブレーキ
			L			
L	H	H	H	L	H	正転/逆転
			L	L	L	ショート・ブレーキ
H	L	H	H	H	L	逆転/正転
			L	L	L	ショート・ブレーキ
L	L	H	H	OFF（ハイ・インピーダンス）		ストップ
			L			
H/L	H/L	L	H	OFF（ハイ・インピーダンス）		スタンバイ
			L			

（b）真理値表

〈図5-17〉[(1)]　フル・ブリッジ・ドライバTB6549のブロック図と真理値表

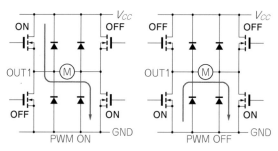

〈図5-18〉PWM制御時におけるフル・ブリッジ・ドライバの電流の流れ（TB6549）
PWM制御時の動作は通常動作とショート・ブレーキの繰り返しになる

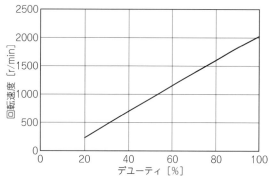

〈図5-19〉DCモータ（DMN37JB）の入力信号のデューティ比と回転速度の関係（電源電圧：12V）
デューティ比と回転速度は比例する

（3）TB6549P/F/HQ

　出力トランジスタにMOS構造を採用したフル・ブリッジ・ドライバICです．PWM信号入力端子からパルス幅を変えた信号を直接入力することによってPWM制御が可能です．

　前述のTA8429と比べ，外部にPWM制御回路を用意する必要がないので，ダイレクトPWM方式と呼んでいます．**図5-17**にTB6549のブロック図と動作モードの真理値表を示します．

　フル・ブリッジ・ドライバのPWM動作は，**図5-18**に示すように，通常動作とショート・ブレーキの繰り返しで行っています．実際には，IC内部で貫流電流防止のためのデッド・タイムの生成などを行っています．詳細はデータシートを参照してください．

　PWM周波数は，耳に聞こえる音が出にくいよう高めに設定します．一般に10kHz以上を使います．このICは最高周波数100kHzまで対応しています．実際に第4章で使用したブラシ付きDCモータ

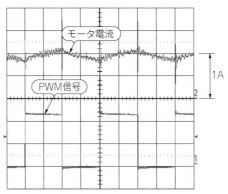

〈図5-20〉**PWM信号とモータ電流の波形**（PWM信号：2V/div., モータ電流：0.5A/div., 50μs/div.）
PWM信号は5kHz，デューティ比50%

DMN37JBを使用してPWM制御したときの，入力信号のデューティ比とモータの回転速度の関係の実測データを**図5-19**に示します．

　図5-20に，PWM信号のデューティ比が50%のときの信号波形とモータ電流の波形を示します．PWM周波数は，電流の立ち上がりと立ち下がりのリプル波形が目に見えるようにあえて5kHzで測定しましたが，この周波数では明らかに音として耳に聞こえてしまいます．

　ここで説明したフル・ブリッジ・ドライバICについての内容は基本的な動作だけであり，使いこなすためには電源電圧を加える順番や電圧値，制御信号のタイミングなど，いろいろ注意しなければならない事項がたくさんあります．メーカのデータシートやマニュアルを参照して，十分理解して使いこなすようにしてください．

第6章

マイコンとセンサでインテリジェントに！回転速度を自動制御！

ブラシ付きDCモータの速度制御

　モータの回転速度は，モータに加える電圧を変えたり，PWM信号でスイッチングした電圧を加えたりすれば変えられます．目的の回転速度に手動で合わせることもできそうです．

　しかし手動で調整しただけでは，負荷によってスピードが変わってしまいます．負荷が変わるたび，モータに加える電圧を調整し直すのは不便です．

　そこで，回転速度を検出するセンサをとりつけ，負荷が変わってもモータの回転速度を一定に保つよう，自動制御を行ってみましょう．

6-1　回転速度を自動制御する構成

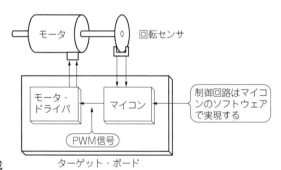

〈図6-1〉
DCモータの速度制御を実現する構成

　図6-1のように，モータのほか，モータの回転速度を検出するセンサ，制御回路（マイコン），マイコンから出力される信号に応じてモータを駆動するモータ・ドライバが必要です．

　制御にはマイコンを使います．

　性能の改善や，機能の変更が簡単な上に，パソコンと通信してモータの動作データを取ることもできます．紙面の都合上，マイコンの使い方については，ある程度知識があることを前提にしています．

　マイコンでは，センサからの信号を読みとり，モータ・ドライバへのPWM信号を作り出します．その内容によって，制御内容や安定性が変わります．

　この章では，主にマイコンに組み込むソフトウェアの考え方について解説します．

6-2 マイコンとその開発環境

〈写真6-1〉トランジスタ技術誌付録マイコン基板 MB-H8 と同等品 MB-H8A-P（ヘッダ・ピン実装版）の外観
サンハヤト社で購入できる（2012年5月現在）．詳しい使い方は「H8/Tiny マイコン完璧マニュアル」（CQ出版社）が参考になる

● H8マイコンを使う

　現在，多くの種類のマイコンが，多種多様な分野に活用されています．

　今回は16ビット・ワンチップ・マイコンH8/3694Fを搭載したマイコン基板を使用します．MB-H8A，またはMB-H8A-P（いずれもサンハヤト[1]）が入手可能です．

　このマイコン基板には，マイコンとごく一部の周辺部品しか載っていないので，これをさらに別の基板の上に載せることになります．ピン・ヘッダとピン・ソケットの組み合わせにしておくと，マイコン基板の使いまわしができます．MB-H8A-Pにはすでにピン・ヘッダが付いており，MB-H8Aには付いておらず自分で取り付ける必要があります．

　写真6-1に，雑誌の付録になったマイコン基板MB-H8（トランジスタ技術2004年4月号付録）と，同等品のマイコン基板MB-H8A-Pを示します．

　また，これらの基板でなく，搭載されているマイコンH8/3694Fを直接使っても，もちろん構いません．

● マイコン基板 MB-H8A の仕様

　マイコン基板の詳細については，MB-H8Aの取り扱い説明書を参照してください．主な仕様を**表6-1**に示します．電源のデカップリング・コンデンサとセラミック振動子が搭載されているだけで，マイコンの入出力ピンはすべて外部に引き出されています．

〈表6-1〉マイコン基板MB-H8の主な仕様

使用マイコン	H8/3694F(HD64F3694FX, ルネサス エレクトロニクス)
動作クロック	20 MHz(セラミック振動子実装済み)
内蔵メモリ	32 Kバイト(フラッシュ・メモリ), 2 Kバイト(RAM)
動作電圧	4 ～ 5.5 V_{DC}
外部ピン	2.54 mm ピッチ. 2列26ピンのピン・ヘッダ
外形寸法	42×37.6 mm

マイコンH8/3694Fの詳細は,ルネサス エレクトロニクスのウェブ・ページ[2]から検索できるので,必要に応じてドキュメントなどをダウンロードしてください(2012年5月現在).H8ファミリのH8/300H Tinyシリーズから,H8/3694シリーズを選びます.

● 開発環境
ルネサス エレクトロニクスのウェブ・ページから「無償評価版ソフトウェア」をダウンロードして使います.
「無償評価版ソフトウェア」の説明とダウンロードは,ルネサス エレクトロニクスのウェブ・ページで参照ならびにダウンロードできます.今回使用するツールは下記の2点です.

- コーディング・ツール
【無償評価版】H8SX, H8S, H8ファミリ用C/C++コンパイラパッケージ
- プログラマ(書き込みソフト)
【無償評価版】フラッシュ開発ツールキット

ダウンロードにはIDが必要なので,登録する必要があります.無償評価版は,60日が過ぎると作成できるサイズが64Kバイトに制限されます.しかしH8/3694Fではメモリが32Kバイトしかないので,事実上の期間無制限となります.

6-3 センサ付きモータとモータ・ドライバの選定

第4章で取り上げたブラシ付きDCモータDMN37JB(日本電産サーボ)[3]と,第5章で取り上げたフル・ブリッジ・ドライバTB6549P(東芝)[4]を使用します.
モータの回転速度を検出するためにエンコーダを使用します.DMN37JBに1000p/rのインクリメンタル・エンコーダを取り付けたDMN37JEB(写真6-2)は準標準品で,比較的短納期で入手できるので,これを使います.モータ付属のエンコーダは1回転で1000回パルスを出力します.

● DCモータのトルク-回転速度特性と速度制御
図6-2に,DMN37JBをDC 12Vで駆動したときのトルク-回転速度特性(T-N特性)を示します.産業用モータであれば,このようなデータが手に入ると思います.第4章でも説明したように,DCモータの負荷トルクT_L[N・m]と回転速度N[r/min]の関係は,図6-2のように負荷トルクが増えると回転速度が直線的に下がる垂下特性です.
負荷トルクが変化しても回転速度が変わらないようにするには,速度制御を付加する必要があります.

〈写真6-2〉ブラシ付きDCモータにインクリメンタル・エンコーダを取り付けたDMN37JEBの外観

インクリメンタル・エンコーダからは1回転につき1000パルス出る

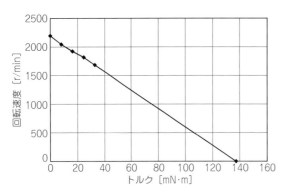

〈図6-2〉ブラシ付きDCモータDMN37JBのトルク-回転速度特性

負荷トルクが増えると回転速度が直線的に下がる．これを垂下特性と呼ぶ

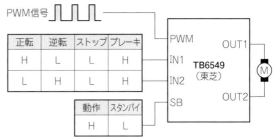

〈図6-3〉専用ICTB6549を使ったDCモータ・ドライブ回路

ロジック入力で正転／逆転／ストップ／ブレーキの4モードの動作が可能．PWM信号入力端子にPWM信号を直接入力する

● モータ・ドライバの機能

　フル・ブリッジ・ドライバTB6549は，**図6-3**に示すように，二つの入力端子のロジック入力で正転／逆転／ストップ／ブレーキの4モードの動作ができます．また，PWM信号入力端子にはPWM信号を直接入力します．マイコン制御に非常に適したドライバです．

6-4　制御回路と駆動回路をまとめた基板の製作

　ユニバーサル基板を使って，マイコン基板とフル・ブリッジ・ドライバ，周辺部品を搭載し，制御回路と駆動回路をまとめたターゲット・ボードを製作します．

　DMN37JBは，24Vで駆動すると短時間定格となります．ここでは電源電圧を12Vにして，連続定格

になるようにしました．ターゲット・ボードの回路図を**図6-4**に，スイッチとLEDの意味を**表6-2**に示します．

シリアル・ポート回路のトランジスタ2個は，自動で書き込みモードを切り替えるときに使用する予定のものです．本章の実験には必要ありません．

完成したターゲット・ボードを**写真6-3**に示します．一部チップ部品を使用していますが，リード付き部品でも問題ありません．

6-5　比例制御による回転速度制御回路の設計

● **速度制御回路の構成**

速度制御として，もっとも基本的な比例制御から解説します．比例制御はP制御とも言います．

図6-5に示すように，モータに直結したエンコーダで回転速度を検出し，エンコーダ信号を処理して速度フィードバック信号を生成します．そして，速度指令値と比較して偏差を取り出し，偏差に比例し

表6-2　ターゲット・ボードに実装したスイッチの機能とLEDの意味

No.	機　能
1	ショート・ブレーキ
2	ゲイン機能
3	速度設定
4	
5	
6	方向設定

（a）DIP-SW

LED No.	意　味
LED$_1$	未使用
LED$_2$	速度が測定可能範囲のとき点灯
LED$_3$	惰性で減速中に点灯
LED$_4$	PUSH - SW ON で点灯

（b）LED$_1$ ～ LED$_4$

（a）表面

（b）裏面

〈写真6-3〉製作したターゲット・ボード

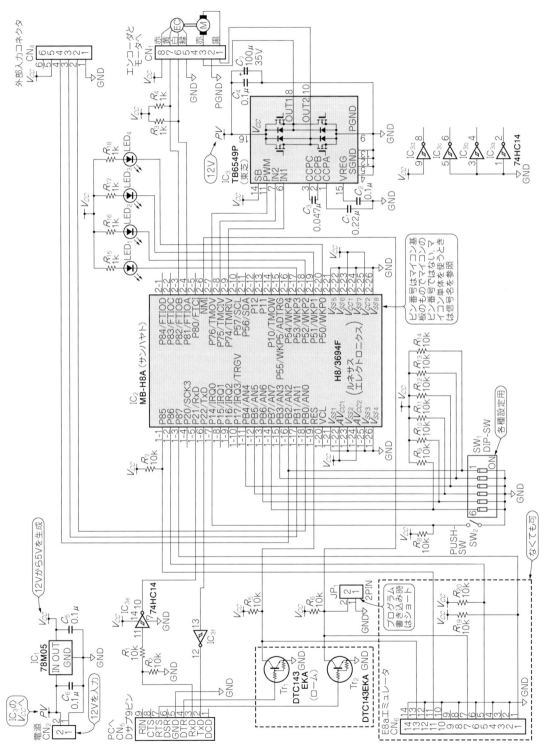

〈図6-4〉モータ制御実験用ターゲット・ボードの回路図

本章では，このターゲット・ボードを使って各種実験を行う

たPWM信号でモータの回転速度を制御します.

● **速度フィードバック信号の生成**

　図6-6にパルス幅測定のブロック図を，**図6-7**にパルス幅測定の説明図を示します.

　H8/3694FのタイマWを使用し，エンコーダ信号のパルス幅を測定します．インプット・キャプチャを使用して，エンコーダ信号の連続する二つのエッジでタイマ値を求め，差を取ってパルス幅を計測します.

　ここで測ったパルス時間幅Wは，マイコンの1クロックの周期を基準にした値のため，秒を基準にした値W_s[sec]に変換します．この式は，エンコーダのパルス幅をW_s[sec]，マイコンのクロックをf_{clk}[Hz]とすると，

$$W_s = W/f_{clk} \cdots\cdots\cdots\cdots\cdots\cdots\cdots\cdots\cdots\cdots\cdots\cdots\cdots\cdots\cdots\cdots\cdots\cdots\cdots\cdots\cdots\cdots\cdots\cdots \text{(6-1)}$$

となります.

　次に，パルス幅W_s[sec]から速度N[r/min]を求める式は，

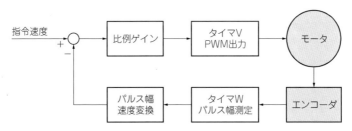

〈図6-5〉 **速度制御のブロック図**
エンコーダ信号を処理して速度フィードバック信号を生成．速度指令値との偏差
に比例したPWM出力でモータの回転速度を制御する

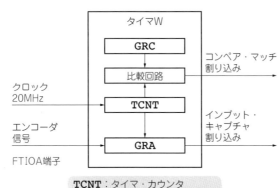

〈図6-6〉 **タイマWを使ってエンコーダ信号のパルス幅を測定する**
インプット・キャプチャ機能を使用する

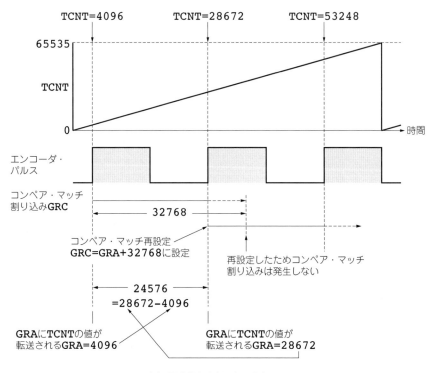

（a）最低測定速度以上の場合

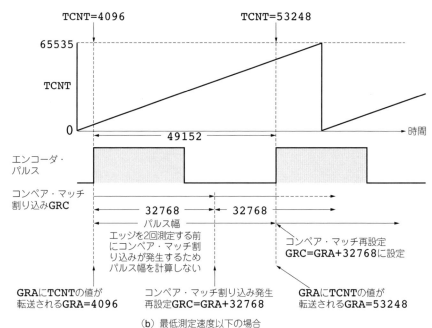

〈図6-7〉
**タイマ・カウンタとパル
ス幅の関係**
インプット・キャプチャを
使用して，エンコーダ信号
のエッジの発生時間を測定
し差を取る

（b）最低測定速度以下の場合

$$N = \frac{1}{W_s} \times \frac{60}{P_E} \cdots\cdots\cdots\cdots\cdots\cdots\cdots\cdots\cdots\cdots\cdots\cdots\cdots\cdots\cdots\cdots\cdots\cdots \text{(6-2)}$$

となります.

　式(6-2)に式(6-1)を代入すると,

$$N = \frac{f_{clk}}{W} \times \frac{60}{P_E}$$

となりますが, 最初に変数の割り算が入ると精度が悪くなります.

　そこで順番を入れ替えて,

$$N = \frac{f_{clk}}{P_E} \times \frac{60}{W} \cdots\cdots\cdots\cdots\cdots\cdots\cdots\cdots\cdots\cdots\cdots\cdots\cdots\cdots\cdots\cdots\cdots \text{(6-3)}$$

とします.

　マイコンのクロックが20MHz, エンコーダ・パルスP_Eが1000p/rなので,

$$N = \frac{20000000}{1000} \times \frac{60}{W} = 1200000/W \cdots\cdots\cdots\cdots\cdots\cdots\cdots\cdots\cdots\cdots\cdots \text{(6-4)}$$

となります.

　モータが一定以上の速度で回転しているときは, 上記の処理だけでよいのですが, 低速の場合, パルス幅タイマWの16ビットで測れる時間幅を越えてしまいます.

　そこで, 測定範囲を15ビット(=32768)までとし, これ以下は停止として扱います. そのため, **図6-7**(b)に示すように, インプット・キャプチャが発生したときから値が32768増えたら, コンペア・マッチが発生するようにします. コンペア・マッチよりインプット・キャプチャが先に発生した場合のみ, 回転速度が測定可能です.

　測定可能な最低回転速度は, 式(6-4)より,

　　$N = 1200000/32768 = 36.62109375$

となるので, 約37r/minから測定できることがわかります. これ以下は停止扱いです.

● 速度指令の発生

　DIP-SWとテーブルを使用した速度設定方法とします. 3ビットで速度を, 1ビットで回転方向を指定し[**表6-2(a)**], PUSH-SWを押すことで速度指令値を確定します.

　テーブルには, 0, 300, 600, 900, 1200, 1500, 1800, 2100r/minの8段階の速度を登録しておき, DIP-SWで選択します.

● 比較回路と偏差信号の処理

　「速度指令値-速度フィードバック値」が速度偏差になります.

　この部分を, アナログ回路で構成した場合は演算が連続で行われますが, マイコンの場合, 一定時間周期(速度制御周期)ごとの実行になります. ここでは, 速度制御周期は1msで行うことにしました.

● 比例ゲインの処理

　「偏差×比例ゲイン」を演算して比例出力を求めます. 結果は32ビットの変数に格納します. ここで値を制限します. 正の値の場合は16ビットの最大値65535, 負の場合は0にします. 値の制限は, 次節

で扱う積分制御で必要になります.

比例ゲインの値は，250と500の2種類とし，DIP-SWの1ビットを使用して選択できるようにしました.

● **PWM信号の発生**

H8/3694FのタイマVを使用し，PWM信号を発生させます. **図6-8**にPWM出力部のブロック図を，**図6-9**にPWM出力の説明図を示します. TCORAレジスタで周期を，TCORBレジスタでデューティを設定します.

すなわち，以下の動作を繰り返すことでPWM出力になります.

① TCNTVレジスタは0から255までカウント・アップする

② TCNV=TCORAになるとTMOVに1を出力し，TCNVを0にリセットする

③ TCNV=TCORBになると，TMOVの出力を0にする

PWM周波数f_{PWM}は，TCORAレジスタの値をa_{TCORA}とすると，

$$f_{PWM} = \frac{1}{4\,a_{TCORA}} \quad\cdots\cdots (6\text{-}3)$$

になります. TCORAの値を255にすると，マイコンのクロックが20MHzなので約20kHzになります.

比例出力は，16ビットのため0～65535の値を取ります. 使用するPWM信号は8ビットのため，比例出力を256で割ります.

加速や一定速で動作しているときは，モータにエネルギーを加えているので問題ないのですが，減速のときは，モータからエネルギーを引き出したいところです. それは無理なので，PWMを0にして惰性で減速させます. このため，停止まで非常に時間がかかります. これを改善するために，ショート・ブレーキを掛けます. DIP-SWの1ビットを利用して，ショート・ブレーキの使用/不使用を選択できるようにしました.

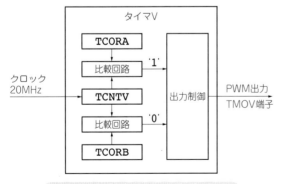

〈図6-8〉**タイマVを使ってPWM信号を生成する**
二つのコンペア・マッチ信号でPWM出力を行う

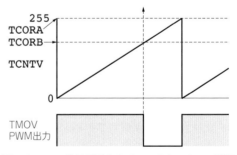

〈図6-9〉**PWM信号波形とタイマ・カウンタVの関係**
TCORAで周期，TCORBでデューティを設定

6-6 比例制御プログラムの概要と書き込み

● **プログラムの概要**

プログラムの抜粋を**リスト6-1**に示します．プログラム全体の構成は，以下のようになっています．

① タイマW割り込み処理関数

　パルス幅測定処理

　パルス幅が測定可能範囲を越えている場合の処理

　周期割り込み処理（速度制御用，システム・タイマ用）

② モータ・ドライバ制御出力関数

　PWMの設定処理

　回転方向の設定処理

③ 速度制御関数

　パルス幅から速度に変換する処理

　偏差を計算する処理

　比例ゲインの処理

④ 初期化関数

　I/Oの初期化

⑤ 時間待ち関数

　指定した時間の経過を待つ処理

⑥ メイン関数

　スイッチの処理

● **プログラムの書き込み**

ターゲット・ボードのJP$_1$をショートし，電源を投入します．「フラッシュ開発ツールキット」で書き込みが終わったら，電源を切りJP$_1$を抜きます．

DIP-SWで方向，速度，比例ゲイン，ショート・ブレーキの使用／不使用を確認してPUSH-SWを押すと，指令値に近い速度でモータが回転するはずです．

6-7 比例制御の性能

● **トルク・回転速度特性（T-N特性）**

DCモータの速度制御の第一の目的は，負荷トルクTが変化してもできるだけ回転速度Nが変わらないようにすることです．

目的が達成されたかどうか確認するために，トルク・スピード特性（T-N特性）の測定結果を**図6-10**に示します．速度指令値が1500r/minと900r/minの場合について，比例ゲインの値は大（500）と小（250）の2条件で，無負荷状態から負荷トルクTを次第に増加したときの回転速度Nの変化を，糸掛けプーリ法（第4章参照）で測定しました．

無負荷状態でもモータは速度指令値より若干低い値で回転し，負荷トルクが増えるとさらに回転速度

〈リスト6-1〉速度制御プログラム(抜粋，ダウンロード可能)

```
省略

#define MPU_CLK           20000000UL      // マイコン動作周波数 [Hz]
#define MPU_TIME          (1000000000L/MPU_CLK)       // マイコン
動作時間 [ns]
#define TIME_BASE         1000000L        // 基準時間 [ns]
#define ENCODER_PULSE     1000            // エンコーダパルス数
#define CONVERT_BASE      (MPU_CLK/ENCODER_PULSE*60)
                                          // 速度 =CONVERT_BASE/ パルス幅
#define LOG_SIZE          160             // 測定データ数
#define SPEED_LOOP        1               // 速度制御周期 [ms]

省略

volatile unsigned long gSystemTime;

volatile unsigned int gWidthA;           // 測定パルス幅 (A 相)
volatile int gSetSpeed;                  // 設定速度
int gProportionalGain = 250;             // 比例ゲイン

int gSpeedLog[LOG_SIZE];                 // 測定速度バッファ
int gSetSpeedLog[LOG_SIZE];              // 設定速度バッファ
int gLogCount = LOG_SIZE;

int gSppedTable[] = { // 速度テーブル [r/min]
0,  300,  600,  900,  1200,  1500,  1800,  2100,
0, -300, -600, -900, -1200, -1500, -1800, -2100
};

//------------------------------------------------------
//   タイマW割り込み
//------------------------------------------------------

__interrupt(vect=21)
void INT_TimerW(void)
{
  static int oldCapTime;
  static int flag;

  // パルス幅測定
  if(TW.TSRW.BIT.IMFA){                   // パルス検出?
  IO.PDR5.BIT.B2 = 0;                     //LED2on
    TW.TSRW.BIT.IMFA = 0;
    if(flag == 0){
      gWidthA = TW.GRA - oldCapTime;      // パルス幅計算
    }
    oldCapTime = TW.GRA;
    TW.GRC = TW.GRA+0x8000;               // パルス幅オーバーフロー条件設定
    flag = 0;
  }
  // パルス幅が測定可能範囲を超えている場合の処理
  if(TW.TSRW.BIT.IMFC){                   // パルス幅オーバーフロー?
    IO.PDR5.BIT.B2 = 1;                   //LED2off
    TW.TSRW.BIT.IMFC = 0;
    TW.GRC = TW.GRC+0x8000;
    gWidthA = 0xffff;                     // パルス幅最大に設定
    flag = 1;                             // パルス幅オーバーフロー・フラグ・セット
  }
  // 周期割込み処理
  if(TW.TSRW.BIT.IMFD){                   // 周期割り込み発生?
    TW.TSRW.BIT.IMFD = 0;
    TW.GRD = TW.GRD+TIME_BASE/MPU_TIME;
                                          //TIME_BASE 時間周期で割り込み
    gSystemTime += TIME_BASE/1000000;
    if(gSystemTime%SPEED_LOOP==0){        // 速度制御周期?
      SpeedLoop();
    }
  }
}

//------------------------------------------------------
//   モータ・ドライバ制御出力
//------------------------------------------------------
void MotorOut(unsigned int out, int dir)
{
```

```
  TV.TCORB = out >> 8; // PWM 設定

  if(IO.PDRB.BIT.B2 == 1 && out == 0){
                                  // ショート・ブレーキ無しモード?
    IO.PDR5.BIT.B1 = 0; //LEDoff
    IO.PDR7.BIT.B4 = 0;
    IO.PDR7.BIT.B5 = 0;

  }else if(dir >= 0){ // 正回転?
    IO.PDR5.BIT.B1 = 1;   //LED1off
    IO.PDR7.BIT.B4 = 1;
    IO.PDR7.BIT.B5 = 0;

  }else{                  // 負回転?
    IO.PDR5.BIT.B1 = 1; //LED1off
    IO.PDR7.BIT.B4 = 0;
    IO.PDR7.BIT.B5 = 1;
  }
}

//------------------------------------------------------
//   速度制御
//------------------------------------------------------
void SpeedLoop(void)
{
  static int count;
  static int speed;
  int setSpeed;
  int proportionalGain;
  int difference;
  long proportional;

  setSpeed = gSetSpeed;
  proportionalGain = gProportionalGain;
  if(IO.PDRB.BIT.B3 == 1){
    proportionalGain = proportionalGain*2; // ゲインを2倍
  }

  // パルス幅→速度 ( 速度フィードバック信号) 変換
  if(gWidthA < 0x7fff){
    speed = CONVERT_BASE/gWidthA; // パルス幅が正常なとき速度計算
  }else{
    speed = 0; // パルス幅測定不能なとき速度 0
  }

  // 速度測定データ保存処理 (Appendix 参照 )
  if(gLogCount < LOG_SIZE){
    if(count%5==0){
      gSpeedLog[gLogCount] = speed;
      gSetSpeedLog[gLogCount] = setSpeed;
      gLogCount++;
    }
  }
  count++;
}

  // 偏差計算
  // 偏差 = 速度指令 – 速度フィードバック信号
  if(setSpeed >= 0){
    difference = setSpeed-speed; // 正回転のとき
  }else{
    difference = -setSpeed-speed; // 逆回転のとき
  }

  // 比例ゲイン演算
  proportional = difference * proportionalGain;
  if(proportional > 0xffff){ // 正の値制限値以上?
    proportional = 0xffff;
  }else if(proportional < 0){ // 負の値制限値以下?
    proportional = 0;
  }

  // モータ・モータ・ドライバ制御出力
  MotorOut(proportional, setSpeed);
}

省略
```

プログラムは，本書の紹介ページからダウンロードできます．"CQ モータのマイコン制御"で検索してください

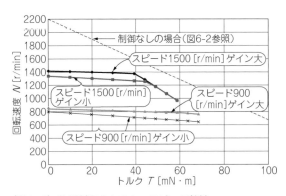

〈図6-10〉比例制御のトルク・スピード特性
速度指令値に対して，無負荷状態でもモータは若干低い値で回転
し，負荷トルクが増えるとさらに回転速度が下がる特性になる

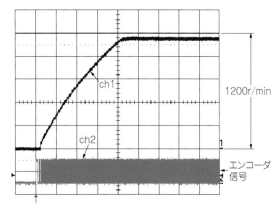

〈図6-11〉速度設定値を1200r/minにして起動したときの
起動特性（ch1：2V/div., ch2：5V/div., 10ms/div.）
約40msで立ち上がっている

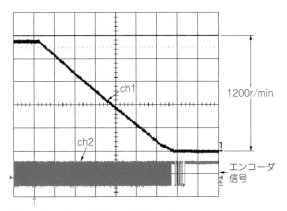

〈図6-12〉ブレーキなしの停止特性（ch1：2V/div., ch2：
5V/div., 100ms/div.）
停止まで約0.7sec要した

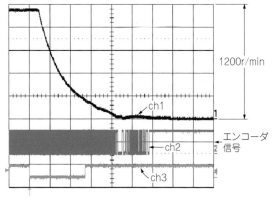

〈図6-13〉ブレーキありの停止特性（ch1：2V/div., ch2：
5V/div., ch3：10V/div., 50ms/div.）
ブレーキなしに対して，停止時間が約0.2〜0.3secに短縮された

が下がる特性になることがわかります．

　速度指令値と回転速度の差を定常偏差と呼びます．その差は比例ゲインが大きい方が小さく，トルクの増加に対する回転速度の下がり方も小さくなります．

　定常偏差が発生する理由を説明します．第5章の図5-19で示したように，モータの回転速度とPWM信号のデューティ比は比例します．一方，比例制御系の定常偏差×比例ゲインとPWM信号のデューティ比も比例するので，定常偏差がないと必要なデューティ比を確保することができません．

　したがって，比例ゲインを大きくすれば，定常偏差を小さくすることができそうですが，一般に制御系を安定に動作させるためのゲインには限度があり，むやみに大きくすることはできません．

● 起動・停止特性
　モータの起動・停止特性を測定した結果を図6-11〜図6-13に示します．起動・停止時間は負荷を含

めたロータの慣性モーメントが大きいほど長くなります．ここでは時間差をわかりやすくするために，慣性負荷として第5章で使用したプーリ（慣性モーメント約$23.4×10^{-6}$kg・m²で，モータのロータ慣性モーメントの約4倍）をモータ軸に取り付けて測定してみました．

　図6-11は，速度設定値を1200r/minにして起動したときの起動特性で，約40msで立ち上がっています．

　図6-12は，ブレーキなしの停止特性で，停止まで約0.7sec要しました．これに対して，モータ・ドライバのショート・ブレーキ機能を用いた場合は，図6-13のように停止時間が約0.2～0.3secに短縮されています．

6-8 期待値と実際の回転速度の差を減らせる「比例積分制御」

● 比例積分制御とは

　上記のとおり，比例制御方式では定常偏差が残ることがわかりました．この定常偏差をなくす方法として，速度偏差ぶんを時間積分して，偏差が残っている限り制御出力に加えるように速度制御系を構成すれば，定常偏差を小さくすることができます．

　比例積分制御（PI制御ともいう）のブロック線図を図6-14に示します．積分制御のために追加した部分は，図6-14の点線で囲んだ範囲です．この追加部分は，ソフトウェア（プログラム）で実現できるので，ハードウェアすなわち回路部品などの追加は必要ありません．これがマイコン制御の大きな特徴の一つです．

6-9 制御用パラメータの設定を行う外部設定器の製作

　6-4節，6-5節で製作した速度制御回路の速度設定方法は，マイコンの速度テーブルの値をターゲット・ボード上のDIP-SWで選択し，その値をPUSH-SWで確定する方法を採用しました．しかし，これは少々不便です．

　そこで，連続的に回転速度を変えたり，さらにモータの加速・減速時間を変えたりできるように，外部設定器を製作します．ターゲット・ボードに用意しておいた外部入力コネクタCN₄に接続します．

　モータを止めるとき，速度を0に設定してPUSH-SWを押すわずらわしさもあったので，スタート/

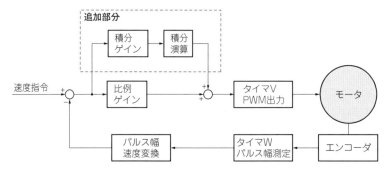

〈図6-14〉比例積分制御のブロック線図
積分制御のために追加した部分は点線で囲んだ部分

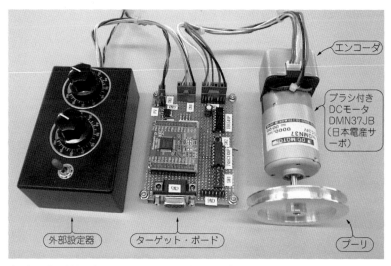

〈写真6-4〉外部設定器とターゲット・ボード, ブラシ付きDCモータの外観

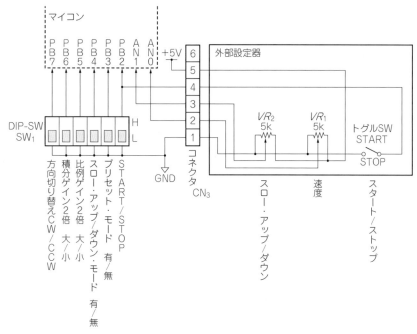

〈図6-15〉外部設定器とターゲット・ボードの接続
ターゲット・ボードの回路図は図6-4を参照, ソフトウェアはリスト6-2を参照

ストップ・スイッチを外部設定器にも設けました.

　製作した外部設定器とターゲット・ボード, モータとの接続例を, **写真6-4**に示します.

　さらに, **表6-2**(a)のようにDIP-SWで速度を指定してから回転をスタートするプリセット・モードに対して, 回転中にも可変抵抗器で回転速度が変えられるダイレクト・モードもプログラム中に用意し

ます．ターゲット・ボード上のDIP-SWで，モードを選択できるようにします．

　外部設定器とターゲット・ボード（マイコンとDIP-SW部）の接続を，**図6-15**に示します．

　外部設定器の機能を下記に示します．

1. 可変抵抗器 VR_1 で速度指令値を設定

2. 可変抵抗器 VR_2 でスロー・アップ／ダウンの値を設定

3. トグルSWでスタート／ストップ

6-10 比例積分制御による速度制御回路の設計

● 速度指令の発生

　DIP-SWと外部設定器の可変抵抗器で速度を設定します．可変抵抗器で速度を，DIP-SWの1ビットで回転方向を指定します．ダイレクト・モードでは可変抵抗器を変化させると，モータの速度も変化します．起動特性（停止特性）などを測りやすいように，PUSH-SWを押すことで速度指令値を確定するプリセット・モードも，DIP-SWの1ビットを使用して選択できるようにします．

　可変抵抗器の出力はアナログ値なので，マイコンでは直接扱えません．このため，A-D変換器でディジタル値に変えます．**図6-16**にA-D変換部のブロック図を示します．H8/3694F内蔵のA-D変換器はスキャン・モードという，複数の入力を順番に繰り返し変換してバッファに保存する機能をもっています．

　5V電源を利用しているので可変抵抗器からの出力電圧も 0〜5V になります．この電圧をA-D変換すると 0〜65535 の値になります．この値を直接速度指令に利用するのは大きすぎるので，0〜2000r/min に変換します．

● スロー・アップ／ダウン指令の発生

　可変抵抗器でスロー・アップ／ダウンの値を，DIP-SWの1ビットでこの機能を使用する／しないを設定します．速度指令と同じくプリセット・モードが使用できます．

　1秒間に 1000〜11000r/min のスロー・アップ／ダウンができるようにします．

● 積分ゲインと積分の処理

　積分ゲインを決めるため，6-5節で解説した比例制御系に**図6-14**に示した積分制御部を追加して，モータには前述の慣性負荷プーリを付けた状態で，立ち上がり特性が良くなるようにチューニングしたと

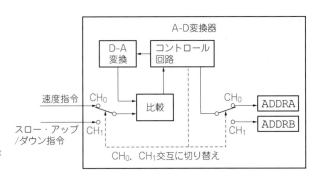

〈図6-16〉H8/3694F内蔵のA-D変換器のブロック図
スキャン・モードを使ってA-D変換を行いバッファに保存する

ころ，積分ゲインの値が1か2となりました．このままだと，ゲインを1段階増やしただけで2倍のゲイン・アップになってしまい，細かい設定ができません．

そこで，内部で使う値の分解能を4ビット（16倍）増やしました．値の制限値が16ビットだったので20ビットに増やします．結果として，適切な積分ゲインは25になります．この値の場合，ゲインを1段階増やすと26/25=1.04倍のゲイン・アップになります．

定常偏差×積分ゲインを演算し，積分バッファに加算した結果が積分出力になります．結果は32ビットの変数に格納します．ここで値の制限を掛けます．正の値の場合は20ビットの最大値1048575，負の場合0にします．

実際の演算手順は，

① 積分バッファ←定常偏差×積分ゲイン＋積分バッファ

② 積分バッファ>1048575のとき，積分バッファ←1048575

③ 積分バッファ<0のとき，積分バッファ←0

となります．

速度制御周期を1msにしたので，1msごとに上記演算を行います．積分ゲインは，DIP-SWで大（50）と小（25）に切り替えることができる仕様です．

図6-17に積分演算部のブロック線図を示します．

● **比例ゲインの処理**

6-5節の比例制御と同じ処理ですが，値の制限範囲を変更しました．比例制御のときは0～65535で

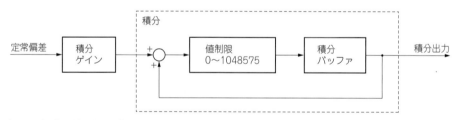

〈図6-17〉**積分演算部のブロック線**
定常偏差×積分ゲインを演算し，積分バッファに加算した結果が積分出力になる

〈図6-18〉**比例演算部のブロック線**
積分に合わせて値の制限値を16ビットから20ビットに増やした

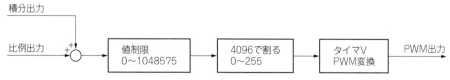

〈図6-19〉**比例と積分の加算からPWM変換までのブロック線図**
積分と比例の処理の後は，両方を加算して出力とする．ここでも値制限を行う

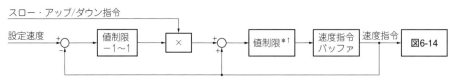

*1：スロー・アップの場合，速度指令が設定速度より大きくならないように制限（スロー・ダウンは逆）

〈図6-20〉スロー・アップ/ダウン制御のブロック線図
スロー・アップ/ダウン制御とは，速度が急激に変化しないように速度指令値を徐々に変化させる制御

したが，今回の比例積分制御は－1048576〜1048575になります．積分に合わせて，値の制限値を16ビットから20ビットに増やしました．比例制御でのゲイン250に対し，今回のゲインは4000ですが，16ビットから20ビットにしたので，効果は同じ（250×16=4000）です．**図6-18**に比例演算部のブロック線図を示します．

比例ゲインは，DIP-SWで大（8000）と小（4000）に切り替えられるようにしました．

● **積分と比例の加算処理とPWM変換**

積分と比例の処理の後は，両方を加算して出力とします．ここでも，値の制限を掛け，0〜1048575の範囲にします．この値を4096で割った結果をPWM出力とします．**図6-19**に，比例と積分の加算からPWM変換までのブロック線図を示します．

● **スロー・アップ/ダウン制御の処理**

指令速度が変化したとき，速度が急激に変化しないように速度指令値を徐々に変化させる制御をスロー・アップ/ダウン制御と言います．

実際の演算手順は，

① 差←設定速度－速度指令を演算
② 差＞0のとき，スロー・アップ/ダウン指令を速度指令に加算（設定速度までに制限）
③ 差＜0のとき，スロー・アップ/ダウン指令を速度指令から減算（設定速度までに制限）
④ 上記の値を新しい速度指令にする

となります．**図6-20**にスロー・アップ/ダウン制御のブロック線図を示します．

6-11 比例積分制御プログラム

プログラムの抜粋を**リスト6-2**に示します．プログラムの構成は次のとおりです．

① スロー・アップ/ダウン制御
　スロー・アップ処理
　スロー・ダウン処理
② 速度制御
　パルス幅から速度に変換する処理
　偏差計算
　比例演算

〈リスト6-2〉スロー・アップ/ダウン制御，比例積分制御による速度制御プログラム（抜粋，ダウンロード可能）

```
#define MPU_CLK      20000000UL        // マイコン動作周波数 [Hz]
#define MPU_TIME  (1000000000L/MPU_CLK)  // マイコン動作時間 [ns]
#define TIME_BASE  1000000L            // 基準時間 [ns]
#define ENCODER_PULSE  1000            // エンコーダパルス数
#define CONVERT_BASE   (MPU_CLK/ENCODER_PULSE*60)
                                       // 速度 =CONVERT_BASE/ パルス幅
#define LOG_SIZE  160                  // 測定データ数
#define SPEED_LOOP  1                  // 速度制御周期 [ms]
#define SLOW_UP_LOOP  1                // スローアップダウン制御周期 [ms]
#define PGAIN      4000                // 比例ゲイン
#define IGAIN      25                  // 積分ゲイン

#define SW_STOP    IO.PDRB.BIT.B2
#define SW_MODE    IO.PDRB.BIT.B3
#define SW_SLOWUP  IO.PDRB.BIT.B4
#define SW_PGAIN  IO.PDRB.BIT.B5
#define SW_IGAIN  IO.PDRB.BIT.B6
#define SW_DIR    IO.PDRB.BIT.B7

省略

volatile unsigned long gSystemTime;

volatile unsigned int gWidthA;      // 測定パルス幅 (A 相 )
volatile int gSetSpeed;             // 設定速度
volatile int gSet2Speed;            // 設定速度
volatile int gProportionalGain;     // 比例ゲイン
volatile int gIntegralGain;         // 積分ゲイン
volatile int gSlowUpRatio;          // スローアップ値

int gSpeedLog[LOG_SIZE];            // 測定速度バッファ
int gSetSpeedLog[LOG_SIZE];         // 設定速度バッファ
int gLogCount = LOG_SIZE;

省略

//------------------------------------------------------
//  スローアップダウン制御
//------------------------------------------------------

void SlowUpDown(void)
{
  if(gSlowUpRatio != 0){     // スローUP／DOWMモード？
    if(gSet2Speed < gSetSpeed){
      gSet2Speed+=gSlowUpRatio;
      if(gSet2Speed > gSetSpeed){
      gSet2Speed = gSetSpeed;
      }

    }else if(gSet2Speed > gSetSpeed){
      gSet2Speed-=gSlowUpRatio;
      if(gSet2Speed < gSetSpeed){
      gSet2Speed = gSetSpeed;
      }
    }
  }else{
  gSet2Speed = gSetSpeed;
  }

  if(gSet2Speed != gSetSpeed){
    IO.PDR5.BIT.B1 = 0;    //LED3on
  }else{
    IO.PDR5.BIT.B1 = 1;    //LED3off
  }
}

//------------------------------------------------------
//  速度制御
//------------------------------------------------------
void SpeedLoop(void)
```

```
{
  static int count;
  static int speed;
  int setSpeed;
  int proportionalGain;
  int integralGain = 10;
  int difference;
  long proportional;
  static long integral;
  long out;

  setSpeed = gSet2Speed;

  proportionalGain = gProportionalGain;
  integralGain = gIntegralGain;

  // パルス幅→速度 ( 速度フィードバック信号 ) 変換
  if(gWidthA < 0x7fff){
    speed = CONVERT_BASE/gWidthA;   // パルス幅が正常なとき速度計算

  }else{
    speed = 0;         // パルス幅測定不能なとき速度 0
  }

  // 偏差計算
  // 偏差 = 速度指令 - 速度フィードバック信号
  if(setSpeed >= 0){
    difference = setSpeed-speed;   // 正回転のとき
  }else{
    difference = -setSpeed-speed;  // 逆回転のとき
  }

  // 比例ゲイン演算
  proportional = difference * proportionalGain;
  if(proportional > 0xfffff){   // 正の値制限値以上？
    proportional = 0xfffff;
  }else if(proportional < -0xfffff){   // 負の値制限値以下？
    proportional = 0;
  }

  // 積分ゲイン演算
  integral = integral + difference * integralGain;
  if(integral > 0xfffff){   // 正の値制限値以上？
    integral = 0xfffff;
  }else if(integral < 0){     // 負の値制限値以下？
    integral = 0;
  }

  out = proportional+integral;
  if(out > 0xfffff){     // 正の値制限値以上？
    out = 0xfffff;
  }else if(out < 0){     // 負の値制限値以下？
    out = 0;
  }

  // モータモータドライバ制御出力
  MotorOut(out, setSpeed);

  // 速度測定データ保存処理 (Appendix 参照 )
  if(gLogCount < LOG_SIZE){
    if(count%2==0){
      gSpeedLog[gLogCount] = speed;
      gSetSpeedLog[gLogCount] = setSpeed;
      gLogCount++;
    }
    count++;
  }
}
```

積分演算

モータ・ドライバ制御出力

③ メイン

SWの処理

A-D変換の結果を速度指令とスロー・アップ/ダウン

指令に変換する処理

6-12 比例積分制御における速度制御特性

完成した比例積分制御(PI制御)方式の特性を測定して，前回の比例制御(P制御)方式の特性と比較してみましょう．

● **トルク回転速度特性(T-N特性)**

トルク回転速度特性(T-N特性)を実測した結果を**図6-21**に示します．

ゲインの設定は，積分ゲインの大・小，比例ゲインの大・小で4種類の組み合わせが可能ですが，ト

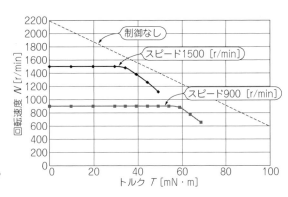

〈図6-21〉比例積分制御のトルク-回転速度特性

積分動作の効果で定常偏差がなくなり，トルクTが増加しても回転速度Nが一定に保たれている

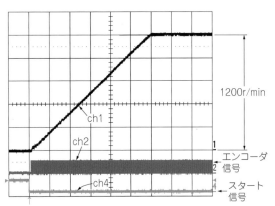

〈図6-22〉スロー・アップ特性(1000r/min/s, ch1：2V/div., ch2：10V/div., ch4：10V/div., 200ms/div.)

停止状態から1200r/minまで1.2secで直線的に加速

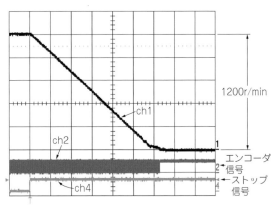

〈図6-23〉スロー・ダウン特性(1000r/min/s, ch1：2V/div., ch2：10V/div., ch4：10V/div., 200ms/div.)

1200r/minから停止まで1.2secで直線的に減速

ルク・スピード特性には差が出ないので，ここでは大・大の組み合わせで測定しました．

　速度設定値は，**図6-10**（比例制御）と同じ1500r/minと900r/minで測定しています．積分動作の効果で定常偏差がなくなり，トルクTが増加しても回転速度Nが一定に保たれています．

● 起動・停止特性

　スロー・アップ/ダウンの効果を確認するために，加速・減速の値をもっとも遅い毎秒1000r/minに設定したときの結果を，**図6-22**と**図6-23**に示します．ゲイン設定は，上記と同じ大・大の組み合わせで測定しました．

　図6-22は停止状態から1200r/minまで1.2secで直線的に加速しています．**図6-23**は1200r/minから停止まで1.2secで直線的に減速されており，毎秒1000r/minの設定値でスロー・アップ/ダウンがうまく機能しています．

6-13 定格電圧の違うモータに変更したい場合

　図6-4の回路はDC12V用に設計されています．定格電圧の異なるモータ（例えばDC24Vなど）を使用するときや，モータの回転速度範囲を変えたいときには電源電圧を変更する必要があります．

● 仕様に合ったモータ・ドライバを選択

　モータ・ドライバは，フル・ブリッジ・ドライバICTB6549（東芝）[4]を使いました．ドライバICには動作電源電圧範囲が規定されているので，それを守る必要があります．TB6549の場合は，動作電源電圧範囲は10〜27Vとなっているので，DC24Vでも十分に使用できます．

　電源電圧を上げるとモータに流れる電流が増えて出力トルクを大きくできますが，ドライバの許容損失P_Dに注意する必要があります．TB6549の出力電流の絶対最大定格$I_{O(DC)}$は2.0〜3.5Aです．出力ON抵抗$R_{ON(U+L)}$の値が$1.0\Omega_{typ}$〜$1.75\Omega_{max}$と大きいので，例えばTB6549P（単体のP_D=1.4W，基板実装時のP_D=2.7W）の場合，出力電流は1A程度が上限です．

　さらに大きな出力電流を必要とする場合は，**写真6-5**に示す放熱特性の良いTB6549Fあるいは

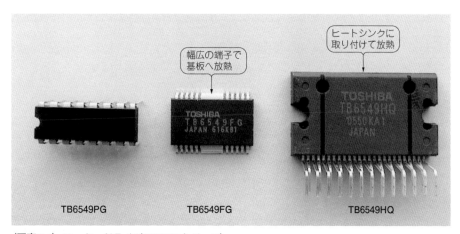

〈写真6-5〉モータ・ドライバTB6549シリーズ

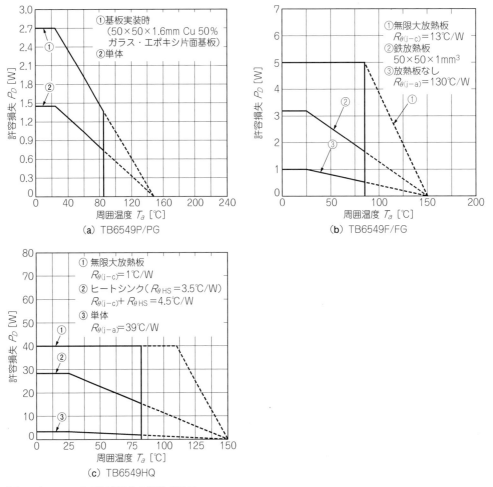

〈図6-24〉TB6549の許容損失の特性グラフ
大きな出力電流を必要とする場合は放熱特性の良いTB6549F，TB6549HQを使用する

TB6549HQを使用します．また，**図6-24**の許容損失の特性グラフを参考にして，放熱効果を高めた基板に実装したり，しっかりしたヒートシンクを併用したりする必要もあります．

● **マイコンとその周辺回路の電源**

　図6-4では，マイコンとその周辺回路の電源DC5Vは，12Vから3端子レギュレータで作っていました．

　5Vで使用する回路の消費電流を実測すると約90mAなので，3端子レギュレータTA78M05Fの損失P_Dは，電源電圧DC12Vのとき，

$$P_D = (12 - 5) \times 0.09 = 0.63\text{W} \quad \cdots\cdots\cdots\cdots\cdots\cdots\cdots\cdots\cdots\cdots\cdots\cdots\cdots\cdots (6\text{-}6)$$

となります．

　3端子レギュレータTA78M05Fの最大許容損失は$T_a = 25℃$で1W，$T_c = 25℃$で10Wなので，ヒートシンクなしではDC12V入力でもほとんど余裕がありません．

ここで，例えば電源電圧をDC24Vに変更すると，

$$P_D = (24 - 5) \times 0.09 = 1.71\text{W} \quad\cdots\cdots\cdots\cdots\cdots\cdots\cdots\cdots\cdots\cdots\cdots\cdots\cdots\cdots\cdots\cdots\cdots\cdots\cdots\cdots\cdots \text{(6-7)}$$

となり，大きなヒートシンクが必要になります．

2W近い熱損失を発生させるのはむだなので，場合によってはスイッチング方式のDC-DCコンバータを用いるか，5V電源は別途供給するのが得策です．

6-14 回転速度を上げたい場合

　DCモータの回転速度を上げるには，電源電圧を上げる方法と，低い電圧で高速回転する巻き線仕様のモータに変更する方法があります．

　同じモータで電源電圧を12Vから倍の24Vに変更すると，回転速度範囲を2倍に拡大できます．これまで使用してきたDMN37JBの場合，12Vの無負荷回転速度約2150r/minに対して，24Vでは約4300r/minです．

　一方，DMN37シリーズ[3]には，今回使った定格電圧がDC24Vのタイプのほかに，定格電圧がDC12Vのタイプがあります（表4-1）．それらの無負荷回転速度は12Vで4300〜5500r/minとなります．

　一例として，速度制御のプログラムは変更しないで，電源電圧だけ18Vに上げたときのトルク-回転速度特性を図6-25に示します．回転速度と出力トルクの範囲が拡大していることがよくわかります．

　電源電圧を24Vにすると，回転速度と出力トルク範囲はさらに大きくできますが，大電流の領域でTB6549Pのサーマル・シャットダウンが動作して測定できなくなりました．そこで，ここでは18Vで測定しました．

　電源電圧を上げることでモータの最高回転速度範囲は拡大しますが，速度制御回路の速度指令値の最大値は約2000r/minまでなので，この速度までしか出ません．速度指令値はA-D変換の出力0〜65535を1/32にすることで0〜約2000r/minにしています．速度指令値を大きくするときはこの比率を変更して，例えば1/32を1/16に変更すると速度指令値を0〜約4000r/minにできます．

　プログラムでは，メインのなかの，

```
gSetSpeed=AD.ADDRA/32
```

および，

```
gSetSpeed=-(AD.ADDRA/32)
```

の2か所を変更します．

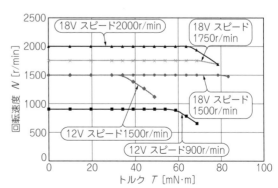

〈図6-25〉電源電圧12Vと18Vのトルク-回転速度特性
回転速度と出力トルクの範囲が拡大している

6-15 出力パルス数の少ない安価なエンコーダを使いたい場合

　これまで1000p/rのエンコーダを使用してきましたが，このパルス数のエンコーダは高級なクラスに相当し，価格もモータ本体に比べ高くなります．このため，一般的にはもっとパルス数の少ないエンコーダ(数十～数百パルス)もよく使用されています．

　低パルス数のエンコーダとして，パルス数がこれまでの1/10の100p/rになる場合は，プログラム・リストのエンコーダ・パルス数の定義を以下のように変更することで同じように動作可能です．

```
#define   ENCODER_PULSE   1000
    ↓
#define   ENCODER_PULSE   100
```

パルス幅Wから速度Nを求める式

$$N = \frac{f_{clk}}{P_E} \times \frac{60}{W} \cdots\cdots\cdots\cdots\cdots\cdots\cdots\cdots\cdots\cdots\cdots\cdots\cdots\cdots\cdots\cdots (6\text{-}8)$$

を使用して速度に変換しているので，エンコーダ・パルス数P_E(=ENCODER_PULSE)を変更するだけで正しい速度が得られます．

　ただし，パルス幅Wの最大値を15ビット(=32768)までとしているので，測定可能な最低速度が上がってしまいます．最低測定速度N_{min}とエンコーダ・パルス数P_Eの関係は，f_{clk}=20MHzのとき，式(6-8)から，

$$N_{min} = \frac{20000000}{P_E} \times \frac{60}{32768} (20000000/P_E) \times 60/32768$$

$$= \frac{3.66 \times 10^4}{P_E} \cdots\cdots\cdots\cdots\cdots\cdots\cdots\cdots\cdots\cdots\cdots\cdots\cdots\cdots\cdots\cdots (6\text{-}9)$$

となり，最低測定速度N_{min}はP_E=1000のとき約37r/minとなるのに対してP_E=100とすると約370r/minまでとなります．式(6-8)をグラフ化すると図6-26のようになります．

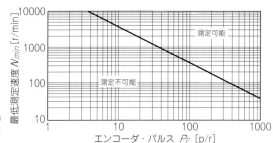

〈図6-26〉エンコーダ・パルス数と最低測定速度の関係(マイコン・クロック：20MHzのとき)
最低測定速度はエンコーダ・パルス数1000p/rのとき約37r/minの設計だったので，エンコーダ・パルス数100p/rとすると約370r/minまでとなる

第6章 Appendix

手作りのモータ特性評価装置3題

　第6章で作成したモータ制御マイコン・ボード内のマイコンのメモリには，回転速度データや速度指令値のデータが記憶されています．もし，このデータを外部に取り出すことができれば，速度制御の結果や特性を確認しやすくなります．

　ターゲット・ボードから速度データをF-V変換して取り出し，ディジタル・ストレージ・オシロスコープ(以下DSO)で表示する特性測定機能と，速度データをシリアル通信でPCに転送してExcelなどでグラフ表示する特性データ集録機能，さらにマイコンのメモリ内容をグラフ表示できるツール(マイコン・モニタ)を紹介します．

■起動特性や停止特性を測定したい

　モータの起動特性や停止特性を測定するときは，モータの回転速度をインクリメンタル・エンコーダで検出し，エンコーダのパルス信号(周波数)をF-V変換器(例えば，小野測器製の高速F-V変換器など)を利用して電圧に変換すると，電圧値を経由してDSOで観測できます．

　F-V変換器はあると便利ですが，個人的に持っている人は少ないと思います．そこで，マイコンのメモリにある回転速度データを利用してターゲット・ボード内で電圧に変換して出力する方法を考えました．すべてソフトウェアで処理して，ハードウェア的にはフィルタ用のCRを数点加えるだけで実現できます．

　マイコン内の回転速度データはPWMで出力させます．しかし，H8/3694にはすでにPWM出力ができるI/Oはありません．そこで，タイマWを工夫して，コンペア・マッチでPWM出力を行います(**図6-A**)．

　タイマWでPWMを発生させる手順は次のとおりです．

① コンペア・マッチ割り込み発生(出力は‘0’)
② GRC＝GRC＋PWM出力値
③ 次のコンペア・マッチで‘1’出力に指定
④ コンペア・マッチ割り込み発生(出力は‘1’)
⑤ GRC＝GRC＋PWM周期－PWM出力値
⑥ 次のコンペア・マッチで‘0’出力に指定

　以上を繰り返すことでPWM信号を発生させることができます．この方法には欠点もあり，PWM出力値をあまり小さくすると処理が間に合わなくなり正しい出力が得られません．

　ここでは，電圧換算で1～4Vになるようにしました．(800r/min)/Vの出力で，3Vで2400r/minのスケールです．この処理を2チャネル用意することで，速度指令値と回転速度の両方を出力ができます．

　図6-Bに，この方法で測定した起動・停止特性の一例を示します．

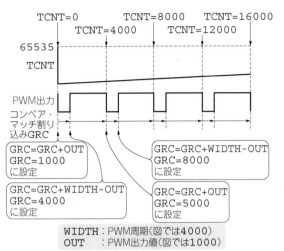

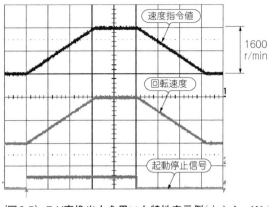

WIDTH：PWM周期（図では4000）
OUT　：PWM出力値（図では1000）

〈図6-A〉PWM信号波形とタイマWのコンペア・マッチの関係
タイマWを工夫してコンペア・マッチでPWM出力に使用する

〈図6-B〉*F-V*変換出力を用いた特性表示例（上から，1V/
div.，1V/div.，10V/div.，0.5s/div.）
800r/min/Vの出力．3Vで2400r/minのスケールとなる

● タイマWの割り当てを変更

　パルス幅が測定可能範囲を越えている場合の処理と周期割り込み処理にはタイマWのGRCとGRDを使用していましたが，PWM出力をするためにGRCとGRDを使用します．

　このため，パルス幅が測定可能範囲を越えている場合の処理はGRBに移動し，周期割り込み処理は処理方法を変更します．特性測定用PWMを200μs周期にしたので，この周期の5回ごとに処理を行うことで，周期割り込みの代わりとしました．

■Excelで速度を表示できる「特性データ集録機能」

　DSOで特性を表示する代わりに，マイコン内のデータをPCに取り込むことができれば，PCを使用して特性を表示させられます．第6章の**リスト6-1**中に示した速度データ保存処理を使用し，PCへのデータ送信処理を追加します．

　速度データ保存処理は，PUSH-SWを押してから，一定時間回転速度と速度指令値をメモリに保存しておく処理です．保存終了後，追加するシリアル送信処理を使用してPCに転送します．PCではターミナル・ソフトウェア「ハイパーターミナル」などを使用してデータを受信します．受信データを保存しExcelなどに取り込むことでグラフ表示が可能になります．DIP-SWの1ビット，この動作を有効にするスイッチに割り当てました．代わりに，積分ゲイン切り替えスイッチがなくなっています．

　マイコンの動作は，以下のようになります．

① PUSH-SWを押すことで記録開始
② 速度と速度指令を周期的に測定バッファに保存
③ 測定バッファがいっぱいで記録終了
④ 測定バッファの内容を文字列に変換し送信
⑤ 測定バッファをすべて送信で終了

　この間，PCのハイパーターミナルは文字列を受信します．受信終了後，文字列を保存してPCのソフ

トウェアでグラフを表示します.

　以下に，ハイパーターミナルの操作方法を説明します.

① 通信設定（ファイルのプロパティのモデム構成）

　　38400bps，8ビット，パリティなし，フロー制御なし

② 受信設定（転送のテキストのキャプチャ）

　　保存するファイル名を指定（拡張子はcsv）

③ PUSH-SWを押すことで記録開始

④ 受信終了（転送のテキストのキャプチャの停止）

　以上で，Excelで利用できるファイルが完成します.　**図6-C**に，結果をExcelでグラフ表示した例を示します.

　一般的な*F-V*変換器にはない機能として逆転も正しく表示する機能も実現しました.　この機能を使うためには回転方向がわからなければなりません.　そこで，エンコーダのB相を使用し回転方向を判定します.　**図6-D**に示すようにA相の立ち上がりのときのB相のレベルで回転方向を判定します.　B相が1のときがCWになりました.

　ただし，この処理は回転速度が速いと処理速度が間に合わない（A相の立ち上がりからB相が変化する前に処理できない場合）ため正しい判定ができません.　このマイコンとプログラムでは，1000p/rのエンコーダ使用時に1000r/minが限界でした.　そこで，速度が速いときは回転方向を判定しないことにしました.

　図6-Eに，一例として逆回転（−1000r/min）の状態から正回転（+1000r/min）に切り替えた場合の応答特性を示します.　操作方法は，逆回転中にDIP-SWを正転に設定し，PUSH-SWを押すとモータは逆回転から正回転になり，そのときの速度指令値と回転速度のデータを集録できます.

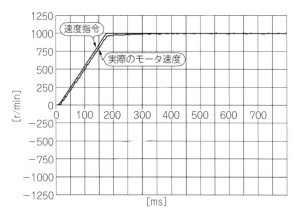

〈図6-C〉特性データ集録機能を使ってExcel上に速度特性をグラフ表示

マイコン内のデータをPCに取り込んで特性を表示した

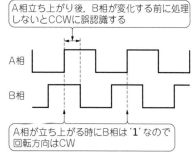

〈図6-D〉回転方向の判定方法

A相の立ち上がりのときのB相のレベルで回転方向を判定

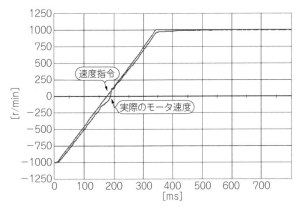

〈図6-E〉逆回転から正回転に切り替えたときの速度特性グラフ表示

−1000r/minの状態から＋1000r/minに切り替えた場合の応答特性である

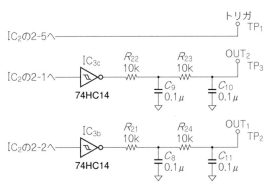

〈図6-F〉特性測定の追加回路
フィルタ用のCRを数点加えるだけである

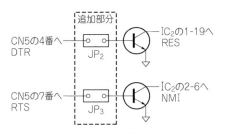

〈図6-G〉誤動作発生時の対策回路
ターミナル・ソフトウェアによってはDTR，RTSを出力するものがあるための対策

● **ターゲット・ボードの改造**

特性測定機能を利用するための追加回路を**図6-F**に示します.

TP_2に回転速度，TP_3に速度指令値のF-V変換された値が出力されます．TP_1はDSOのトリガ出力なのでなくてもかまいません.

必要な改造はこれだけですが，「特性データ集録機能」を利用するとき，ターミナル・ソフトウェアによってはRS-232CのDTR，RTSを出力するものがあり，DTRが発生するとリセットが，RTSが発生するとNMI割り込みが発生して誤動作します.

図6-Gはこのための対策回路で，ターミナル・ソフトウェア使用時はJPを外すことで，DTR，RTSがマイコンに伝わらなくなるようにします.

■マイコン・モニタによるグラフ表示

マイコンの内容を表示し，かつグラフ表示のできるツールを紹介します．**図6-E**と同様の動作を，このツールを使ってグラフ表示した例を**図6-H**に示します.

簡単な操作方法を説明します.

① ファイルの読み込みで`motordrv.adr`を読み込む

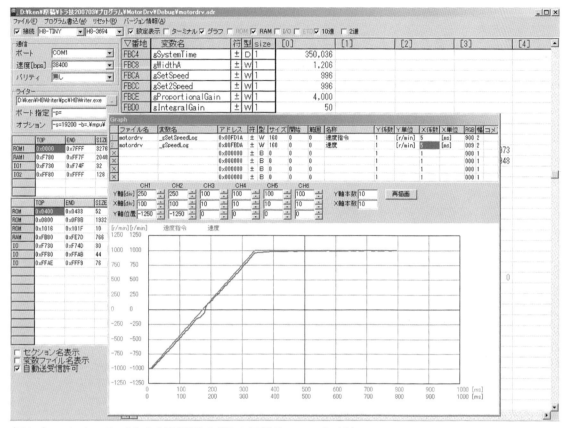

〈図6-H〉マイコン・モニタによる速度特性のグラフ表示（ダウンロード可能）

② motordrv.iniが自動的に読み込まれる
③ 接続をチェックする
④ PUSH-SWを押すことでグラフが描画される

■制御プログラムの概要

制御プログラムの抜粋を**リスト6-A**に示します．プログラムの構成は，以下のようになっています．
① 速度のアナログ出力
　PWMを出力する処理
② 速度測定データ保存処理
　速度と速度指令を一定間隔で保存する処理
③ PCにデータを送信する処理
　整数を文字列に変換する処理
　文字列を送信する処理
④ 回転方向判定処理
　A相とB相から回転方向を判定する処理

プログラムは，本書の紹介ページからダウンロードできます．"CQ　モータのマイコン制御"で検索してください

〈リスト6-A〉 リスト6-2に特性データの測定/集録機能を追加した速度制御プログラム（抜粋，ダウンロード可能）

```
#define MPU_CLK        20000000UL  // マイコン動作周波数 [Hz]
#define MPU_TIME       (1000000000L/MPU_CLK) // マイコン動作時間
[ns]

#define TIME_BASE      1000000L    // 基準時間 [ns]
#define ENCODER_PULSE  1000        // エンコーダパルス数
#define CONVERT_BASE   (MPU_CLK/ENCODER_PULSE*60)
                                   // 速度 =CONVERT_BASE/ パルス幅

#define LOG_SIZE       160         // 測定データ数
#define LOG_LOOP       5           // 測定データ取得周期 [ms]
#define SPEED_LOOP     1           // 速度制御周期 [ms]
#define SLOW_UP_LOOP   1           // スローアップダウン制御周期 [ms]
#define PGAIN          4000        // 比例ゲイン
#define IGAIN          25          // 積分ゲイン
#define DA_WIDTH       200000L     // DA 変換出力用 PWM のパルス幅 [ns]
#define POUT_MAX       0xfffff     // 比例出力最大制限値
#define POUT_MIN       -0xfffff    // 比例出力最大制限値
#define IOUT_MAX       0xfffff     // 積分出力最大制限値
#define IOUT_MIN       0           // 積分出力最大制限値
#define OUT_MAX        0xfffff     // 出力最大制限値
#define OUT_MIN        0           // 出力最大制限値
#define DIR_DETECT     100000L     // 回転方向を検出可能な最小パルス幅
[ns]

#define SW_STOP        IO.PDRB.BIT.B2  //STOP モード
#define SW_MODE        IO.PDRB.BIT.B3  // プリセットモード
#define SW_SLOWUP      IO.PDRB.BIT.B4  // スローアップダウンモード
#define SW_PGAIN       IO.PDRB.BIT.B5  // 比例ゲインモード
#define SW_DATAUP      IO.PDRB.BIT.B6  // データ送信モード
#define SW_DIR         IO.PDRB.BIT.B7  // 方向切り替え

省略

//--------------------------------------------------
// タイマーW割込み
//--------------------------------------------------

__interrupt(vect=21)
void INT_TimerW(void)
{
  static int oldCapTime;
  static int flag;
  static int DAWidth[2];
  static int time;

  // パルス幅測定
  if(TW.TSRW.BIT.IMFA){          // パルス検出？
    IO.PDR5.BIT.B2 = 0;          //LED2on
    TW.TSRW.BIT.IMFA = 0;
    if(flag == 0){
      gWidthA = TW.GRA - oldCapTime;  // パルス幅計算
      if(gWidthA > DIR_DETECT/MPU_TIME){
        gDirection = IO.PDR8.BIT.B2;  // 回転方向検出
        IO.PDR5.BIT.B3 = gDirection;  //LED1(CCW:ON)
      }
    }
    oldCapTime = TW.GRA;
    TW.GRB = TW.GRA+0x8000;  // パルス幅オーバーフロー条件設定
    flag = 0;

  }
  // パルス幅が測定可能範囲を超えている場合の処理
  if(TW.TSRW.BIT.IMFB){          // パルス幅オーバーフロー？
    IO.PDR5.BIT.B2 = 1;          //LED2off
    TW.TSRW.BIT.IMFB = 0;
    TW.GRB = TW.GRB+0x8000;
    gWidthA = 0xffff;  // パルス幅最大に設定
    flag = 1;                    // パルス幅オーバーフローフラグセット

  }
```

```
  // アナログ出力 CH1
  if(TW.TSRW.BIT.IMFC){
    TW.TSRW.BIT.IMFC = 0;
    if(TW.TIOR1.BIT.IOC == 1){
      TW.TIOR1.BIT.IOC = 2;
      TW.GRC = TW.GRC+gDAOut[0];
      DAWidth[0] = DA_WIDTH/MPU_TIME-gDAOut[0];
    }else{
      TW.GRC = TW.GRC+DAWidth[0];
      TW.TIOR1.BIT.IOC = 1;
    }
  }
  // アナログ出力 CH2
  // 周期割込み処理
  if(TW.TSRW.BIT.IMFD){
    TW.TSRW.BIT.IMFD = 0;
    if(TW.TIOR1.BIT.IOD == 1){
      TW.TIOR1.BIT.IOD = 2;
      TW.GRD = TW.GRD+gDAOut[1];
      DAWidth[1]=DA_WIDTH/MPU_TIME-gDAOut[1];
    }else{
      TW.GRD = TW.GRD+DAWidth[1];
      TW.TIOR1.BIT.IOD = 1;

      time++;
      if(time >= TIME_BASE/DA_WIDTH){
        set_imask_ccr(0);          // 多重割込み許可
        time=0;
        gSystemTime += TIME_BASE/1000000;
        if(gSystemTime%SPEED_LOOP==0){ // 速度制御周期？
          SpeedLoop();
        }
        if(gSystemTime%SLOW_UP_LOOP==0){ // スローアップダウン制御
                                         周期？
          SlowUpDown();
        }
      }
    }
  }
}

//--------------------------------------------------
// モータドライバ制御出力
//--------------------------------------------------

void MotorOut(long out, int dir)
{

省略

}

//--------------------------------------------------
// スローアップダウン制御
//--------------------------------------------------

void SlowUpDown(void)
{

省略

}

//--------------------------------------------------
// 速度制御
//--------------------------------------------------

void SpeedLoop(void)
{

省略
```

```
}

//------------------------------------------------
// 初期化
//------------------------------------------------

void initialize(void)
{

省略

}

//------------------------------------------------
// 時間待ち [ms]
//------------------------------------------------

void Sleep(unsigned long time)
{

省略

}

//------------------------------------------------
// 整数を文字列に変換
//------------------------------------------------

void IntToStr(int data, char *str)
{

省略

}

//------------------------------------------------
// データ送信
//------------------------------------------------

void TransmitData(void)
{
  int count;
  char str[6];

  while(gLogCount < LOG_SIZE){
    sleep();
  }

  for(count=0;count < LOG_SIZE;count++){
    IntToStr(gSpeedLog[count], str);
    puts(str);
    puts(",");
    IntToStr(gSetSpeedLog[count], str);
    puts(str);
    puts("¥r¥n");
  }
}

//------------------------------------------------
// 文字列出力
//------------------------------------------------

void puts(char *str)
{
  while(*str != 0){
    while(SCI3.SSR.BIT.TDRE==0){
      sleep();
```

```
    }
    SCI3.TDR = *str++;
  }
}

//------------------------------------------------
// メイン
//------------------------------------------------

void main(void)
{
  int sw;
  int mode=0;

  initialize();

  while(1){
    if(SW_MODE == 1){
      while(IO.PDR1.BIT.B4 == 1){ //SWが押されるまで待つ
        if(SW_MODE == 0){
          break;
        }
        Sleep(10);
      }
      IO.PDR5.BIT.B0 = 0;    //LED4on
      IO.PDR8.BIT.B0 = 1;
      while(IO.PDR1.BIT.B4 == 0){ //SWが離されるまで待つ
        Sleep(10);
      }
      IO.PDR5.BIT.B0 = 1;   //LED4off
      gLogCount = 0;        // 今回必要
      Sleep(10);
      mode = 1;
      IO.PDR8.BIT.B0 = 0;
    }

    if(SW_SLOWUP == 1){    // スローUP／DOWMモード?
      gSlowUpRatio = AD.ADDRB/6553+1;
    }else{
      gSlowUpRatio = 0;
    }
    if(SW_STOP == 0){
      gSetSpeed = 0;

    }else if(SW_DIR == 0){
      gSetSpeed = AD.ADDRA/32;

    }else{
      gSetSpeed = -(AD.ADDRA/32);
    }

    if(SW_PGAIN == 0){
      gProportionalGain = PGAIN;   // 比例ゲイン標準
    }else{
      gProportionalGain = PGAIN*2;// 比例ゲインを2倍
    }

    gIntegralGain = IGAIN*2;      // 積分ゲイン標準を2倍

    Sleep(1);

    if(SW_DATAUP == 1 && mode == 1){
      mode=0;
      TransmitData();
    }
  }
}
```

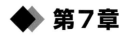

第7章

ねらった位置にピタリと止める

ブラシ付きDCモータの位置制御

　本章では回転速度制御と同じくらい重要なテーマである位置制御を実現します.

　速度制御のときと同様,モータのほか,制御回路(マイコン),センサ,モータ・ドライバを組み合わせて,マイコンのソフトウェアを作る必要があります.第6章で作ったターゲット・ボードとそのソフトウェアを流用して実験してみます.

7-1 位置制御を行うシステム

　物体の位置(回転角や移動距離)を制御することを位置制御と呼びます.また,位置制御システムを一般にサーボ機構と呼んでいます.サーボ機構は,入力である位置指令が時々刻々変化し,物体の位置はその指令を追いかけて追従する,いわゆる追値制御が代表的な動作です.

　サーボ機構の一例を図7-1に示します.物体の位置(回転角)をモータで制御するには物体を動かすための力(トルク)が必要です.大きな物体をモータでダイレクト・ドライブ(直接駆動)しようすると,大

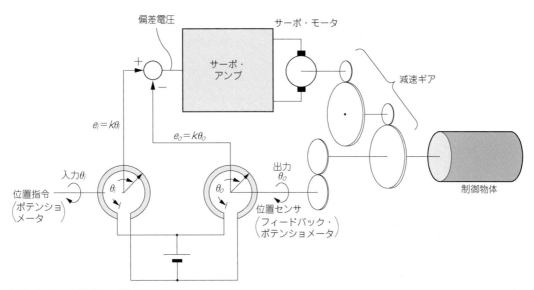

〈図7-1〉サーボ機構の一例
物体の位置を制御することを位置制御と呼び,位置制御システムを一般にサーボ機構と呼ぶ

きな力を出すために大きなモータが必要です．普通はモータ軸に減速ギアを取り付けトルクを増やし，小さなモータで動くようにします．モータ軸は減速比ぶんだけ余計に回る必要がありますが，モータの特性はこのような使い方に向いています．

　制御物体の位置を検出するためには，位置センサを使用します．**図7-1**では位置指令の設定と，位置センサにポテンショメータ(回転型の可変抵抗器)を使用しています．位置指令の電圧値$e_i = K\theta_i$と，位置センサの電圧値つまりフィードバック電圧値$e_o = K\theta_o$との差電圧$e = e_i - e_o = K(\theta_i - \theta_o)$を偏差電圧として求めます．これをサーボ・アンプで増幅してモータを駆動するとき，偏差電圧が減少する方向にモータが回転するようにすると，偏差電圧がなくなる位置，すなわち指令値電圧値とフィードバック電圧値が一致するところで平衡状態となり，モータが停止します．

　平衡状態では，$e = e_i - e_o = K(\theta_i - \theta_o) = 0$となるので，$\theta_i$と$\theta_o$は等しくなります．

7-2　実験装置

● モータと減速ギア

　減速ギア・ヘッド付きのモータを用いたほうが簡単なので，ブラシ付きDCモータDMN37SB(日本電産サーボ)に直径50mmの減速比1/18の50G型ギア・ヘッドを組み合わせ，モータの後部にはこれまでと同じ1000p/rのインクリメンタル・エンコーダを直結したものを特注しました．このモータの型式はDMN37SE50G − X048 (日本電産サーボ)となりました[1]．

　DMN37SBは定格電圧24Vのモータですが，ターゲット・ボードを流用するので，12Vで駆動することになり，無負荷回転速度が約2600r/minとなります．

　2000r/minで速度制御したとき，1/18の減速後の回転速度は111r/min (1.85r/s)となり，1回転に要する時間は0.54sとなります．

　第6章で速度制御対象として用いてきた1000p/rのインクリメンタル・エンコーダ付きブラシ付きDCモータDMN37JEBのモータ部であるDMN37JBは，トルクが大きいのでこのギア・ヘッドとマッチしません．同じDMN37シリーズの中からトルクの小さなDMN37SBに変更しました．

● 位置センサ

　図7-1のサーボ機構の例にならって，位置センサと位置の指令にポテンショメータを使います．モータに直結したインクリメンタル・エンコーダは速度検出用です．

　インクリメンタル・エンコーダも位置センサとしてよく用いられますが，変化ぶん(相対値)しかわからないので，原点信号や位置のメモリを必要とし，始動時には原点復帰動作などが必要で面倒です．ここでは，アブソリュート・センサ(絶対値センサ)であるポテンショメータを使います．

　ポテンショメータは，RCサーボ(ラジコン・サーボ)などにも使われている最もオーソドックスな位置センサで，本質的にアブソリュート・センサであることが特徴です[2]．

　サーボ機構に適した導電性プラスチック型ポテンショメータN35T10kΩ (日本電産サーボ)を使用します．**表7-1**に概略仕様を示します[3]．

　ポテンショメータは，原理的には可変抵抗器の一種です．**表7-1**に示したように，サーボ機構に使用するものは，一般的な可変抵抗器と少し違うところがあります．

・分解度が理論的無限小と小さい

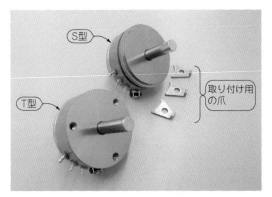

〈写真7-1〉 ポテンショメータ N35 型の外観形状

〈表7-1〉
ポテンショメータ N35T10kΩ の概略仕様

抵抗値	10kΩ ±15%
単独直線性	±0.2%
分解度	理論的無限小
抵抗温度係数	±400PPM/℃
機械的回転角	360°連続
有効電気角	345°±2
回転トルク	1mN·m (max.)
回転寿命[rev]	5000万回転
軸許容回転速度	400r/min (max.)
軸受け	ボール・ベアリング
軸の回転振れ限度	0.0508mm (max.)
使用温度範囲	−55 〜 +125℃

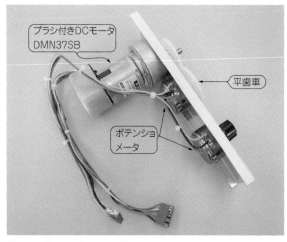

〈写真7-2〉 モータ・センサ・ユニット

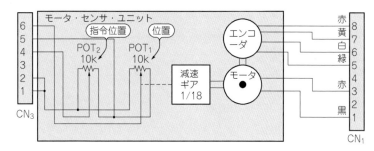

〈図7-2〉 モータ・センサ・ユニットの回路図
位置指令発生用のポテンショメータもこのユニットに取り付ける

- 機械的回転角が360°で，連続的に回せる
- 有効電気角が広い
- 回転トルクが小さい
- 回転寿命が長い
- 軸受けにボール・ベアリングを使用し，軸の機械的精度が良い
- 使用温度範囲が広い

　N35型ポテンショメータには取り付け方法の違いにより，**写真7-1**に示すようにN35T と N35Sの2種類があります．T型(タップ・マウント)は，ケースのタップ穴を用いて3本のねじで取り付けるもっとも簡便な方式です．S型(サーボ・マウント)は，3個の取り付け用の爪をケース外周の取り付け溝に引っ掛けてねじで締め付ける方式で，爪を緩めるとケースを回転できるので，サーボ機構の位相調整に適しています．本格的なサーボ機構にはサーボ・マウントを使うべきですが，精度の良い大径の取り付け穴加工が必要になるので，ここでは簡易的な方法をとっています．

● モータ・センサ・ユニットの製作

　モータのギア・ヘッドの出力軸に位置センサのポテンショメータを取り付ける方法はいろいろありま

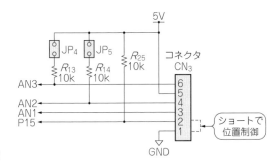

〈図7-3〉ターゲット・ボードの追加回路

す．ここでは平歯車を用います．平歯車はKHK標準歯車(小原歯車工業)のなかから，DS成形平歯車：カタログ番号DS0.5 − 80を選びます[4]．

　この歯車は$\phi6$の穴径公差が$-0.05 \sim -0.1$であり，モータとポテンショメータの$\phi6$の軸を圧入するだけで，しっくりと嵌め合い固定できるので便利です．ポテンショメータの回転トルクは小さいので，これで問題なく回転します．

　モータとポテンショメータの歯数を同じにして1：1の結合にしましたが，歯数を変えればモータ軸とポテンショメータ軸の回転角度の比率を変えることもできます．

　製作したモータ・センサ・ユニットの外観を**写真7-2**に，回路図を**図7-2**に示します．位置指令発生用のポテンショメータも，このユニットに取り付けてあります．

● ターゲット・ボードの改造
　速度制御に使用したターゲット・ボードに最小限の部品を追加するだけで位置制御に対応させます．追加する部品は，**図7-3**に示すようにモータ・センサ・ユニットを接続するコネクタCN_3と抵抗R_{25}，およびジャンパ・ピンJP_4とJP_5です．

　ターゲット・ボードと周辺全体の回路図を**図7-4**に示します．

7-3 位置制御系の構成

　第6章で製作した比例積分速度制御をベースにして，元々の比例積分速度制御と，位置制御(速度制御ループなし)と，位置制御(速度制御あり)の3種類のモードを実現するため，各制御ブロックはできるだけ共用します．

● 位置制御系(速度制御ループなし)
　位置制御系の具体的な構成内容をブロック線図で示すと，**図7-5**のようになります．モータ直結のインクリメンタル・エンコーダは，制御には使用していないのでなくてもよいのですが，せっかくなので回転速度の測定に使用し，測定データ集録機能で活用します．

　図7-5のブロック線図で，位置偏差出力から「タイマV・PWM出力」ブロック内の8ビットPWM発生部までのゲインは，

$$10 \times \frac{512}{4096} = 1.25$$

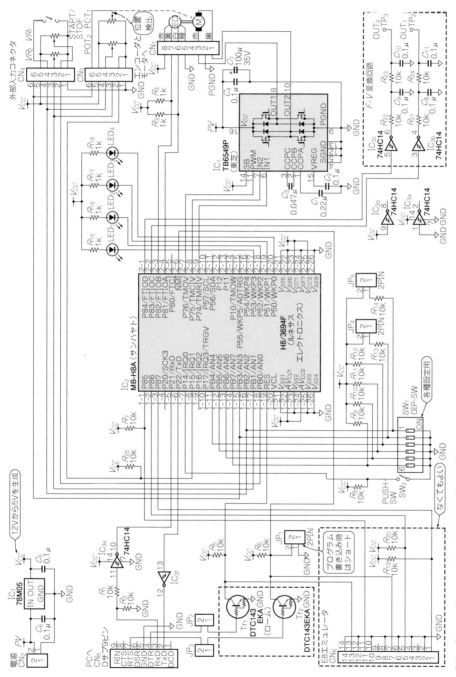

〈図7-4〉**ターゲット・ボードと周辺追加回路の回路図**
図6-4の回路に位置制御御用の追加回路（図7-3）を加え、位置検出用のポテンショメータ POT₁ を接続

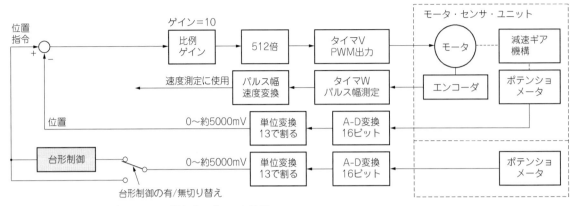

〈図7-5〉速度制御ループなしの位置制御系のブロック線図
モータ直結のインクリメンタル・エンコーダは，この位置制御には使用していない

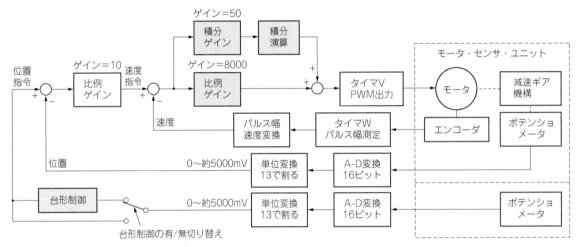

〈図7-6〉速度制御ループありの位置制御系のブロック線図
比例積分速度制御を利用した速度制御ループの外側に位置制御ループを配置

となります．この1/4096は「タイマV・PWM出力」ブロックの中の処理です（第6章の図6-19参照）．

　したがって，最大のPWM出力となる入力は，

$$\frac{255}{1.25} = 204\text{mV}$$

となり，この入力（すなわち位置偏差出力）でモータはフル回転します．

　ここで，モータの起動電圧を最大PWM出力の10%とすると，約20mVの定常偏差が発生することになると予想されます．

● **位置制御系（速度制御ループあり）**

　もう一つ，速度制御も行う位置制御系を構成してみます．

　第6章で製作した比例積分速度制御を利用し，この速度制御ループの外側に位置制御ループを配置し

て，速度制御ループありの位置制御系を構成します．

　この位置制御系（速度制御ループあり）の具体的な構成内容を**図7-6**に示します．

　図7-6のブロック線図で，位置偏差出力が上記「位置制御系（速度制御ループなし）」と同じ204mVのときには，比例ゲイン・ブロックで10倍された値が，比例積分速度制御部に2040r/minの速度指令値として入力されるので，モータは上記「位置制御系（速度制御ループなし）」と同様に，ほぼ100％に近い速度で回ります．

　比例積分速度制御では，偏差入力を積分する機能があるので，この定常偏差は発生しません．

7-4 制御プログラム

■考え方

● 位置フィードバック信号と位置指令の発生

　位置指令と位置フィードバック信号の発生にはポテンショメータを使用したので，どちらもアナログ電圧出力です．そこで，第6章で速度指令値を処理した方法を拡張して利用します．速度制御のときは，速度指令とスローアップ・ダウン指令の二つのアナログ電圧をスキャン・モードで変換しました．これに位置フィードバック信号と位置指令も加えます．位置制御モードの場合は，スローアップ・ダウン指令を台形波指令に読み換えます．

　位置指令をゆっくり立ち上げる台形波指令は，速度制御のときの1000〜11000 (r/min)/sのスローアップ・ダウン指令の処理をそのまま利用して，外部設定器の可変抵抗で1000〜11000mV/sの指令を発生させます．

　アナログ電圧をA-D変換すると0〜65535の値になりますが，13で割ることで0〜約5000に変換します．ポテンショメータに5Vを印加したとき，ほぼ同じ値の5000 (mV)に変換されるので理解しやすくなります．

　H8/3694FのA-D変換器は最大4チャネルまでスキャン・モードで扱えるので，プログラムの介在なしに結果だけを利用できます．**図7-7**にA-D変換部のブロック図を示します．

● 比例ゲインの処理

　第6章での速度制御の比例ゲインの処理と同じですが，今回は比例ゲインを10として，値の制限の範

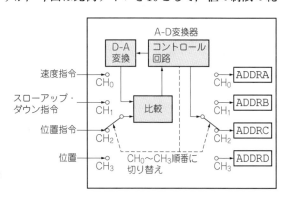

〈図7-7〉A-D変換部のブロック線図
スキャン・モードを使用し，プログラムの介在なしに結果だけを
利用する

囲は外部設定器の可変抵抗器による速度指令値とします.

● **不感帯の処理**

位置指令付近での振動を抑えるために位置フィードバック信号には不感帯を設けました. 不感帯がない場合, 位置指令を過ぎたところで逆方向に回転し, また行き過ぎるため正方向に回転する, ということを繰り返します. このような動作が起こると, その点でポテンショメータの磨耗が進み, 断線や接触不良に至ります.

ここでは不感帯を ±10mV に設定しましたが, この値はポテンショメータ全域の約 ±0.2% です. この範囲に位置フィードバック信号がある場合は, 位置偏差は0として扱います.

● **台形波駆動の位置指令の発生**

位置指令が変化したとき, 速度が急激に変化しないように位置指令を徐々に変化させる制御を台形波駆動と言います. 実際の演算手順を以下に示します.

①差←設定位置－位置指令を演算
②差＞0のとき, 台形波指令を位置指令に加算(設定位置までに制限)
③差＜0のとき, 台形波指令を位置指令から減算(設定位置までに制限)
④上記の値を新しい位置指令にする

● **速度制御と位置制御の切り替え**

第6章の速度制御と本章の位置制御は一つの回路とソフトウェアで実現します.

位置制御のときは, モータ・センサ・ユニットとターゲット・ボードを, コネクタ CN_3 を介して接続します. このときモータ・センサ・ユニット側の CN_3 の端子1と2を接続しておくと, コネクタが挿入されたとき, ターゲット・ボードの2番ピンに接続されたP15端子がGND("L")になります. P15端子は, ターゲット・ボード上でプルアップされているので, モータ・センサ・ユニットが接続されていなければ"H"になります.

電源投入時に, P15の信号を確認し, "L"のときは位置制御, "H"のときは速度制御を行うように, マイコンをプログラムします.

速度制御の内容はこれまでと同じですが, 比例ゲイン切り替えのDIP－SWを他の用途に転用したので, 速度制御の比例ゲインは大(8000)に固定します.

● **DIP-SWの説明**

図7-8にDIP－SWの割り当てを示します. 上記「速度制御と位置制御の切り替え」で説明したよう

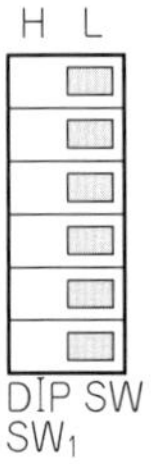

H L	速度制御モード	位置制御モード
☐	START/STOP	"H" 固定
☐	未使用	"H" 固定
☐	スローアップ・ダウンモード　有/無	台形制御　有/無
☐	プリセット・モード/ダイレクト・モード	左に同じ
☐	特性データ収録機能　有/無	左に同じ
☐	回転方向切り替え CW/CCW	速度制御ループ　有/無

DIP SW
SW₁

〈図7-8〉 DIP-SWの割り当て

〈リスト7-1〉 リスト6-Aに位置制御を追加したモータ制御プログラム（抜粋，ダウンロード可能）

```
#define LOG_SIZE          200           // 測定データ数
#define OUT_MAX           0xffffff      // 出力最大制限値
#define OUT_MIN           0             // 出力最大制限値
#define DIR_DETECT        100000L       // 回転方向を検出可能な最小
                                        // パルス幅 [ns]
#define DEAD_ZONE         10            // 不感帯 [mV]
#define POSITION_GAIN     10            // 位置制御比例ゲイン

#define SPEED_MODE        IO.PDR1.BIT.B5 // 速度制御モード

//------------------------------------------------
省略
//------------------------------------------------

volatile unsigned long gSystemTime;

volatile unsigned int gWidthA;         // 測定パルス幅 (A相)
volatile int gSetPosition;             // 位置指令
volatile int gSet2Position;            // 位置指令
volatile int gPosition;                // 位置
volatile int gSetSpeed;                // 設定速度
volatile int gSet2Speed;               // 速度指令
volatile int gMaxSpeed;                // 最大速度 (位置制御用)
volatile int gProportionalGain;        // 比例ゲイン
volatile int gIntegralGain;            // 積分ゲイン
volatile int gSlowUpRatio;             // スローアップ値
volatile int gDAOut[2];                // アナログ出力バッファ
volatile int gDirection;               // 回転方向

int gSpeedLog[LOG_SIZE];               // 測定速度バッファ
int gSetSpeedLog[LOG_SIZE];            // 速度指令バッファ
int gPositionLog[LOG_SIZE];            // 測定位置バッファ
int gSetPositionLog[LOG_SIZE];         // 位置指令バッファ
int gLogCount = LOG_SIZE;

//------------------------------------------------
//   スローアップダウン制御と台形波駆動
//------------------------------------------------

void SlowUpDown(void)
{
    if(SPEED_MODE == 1){               // 速度制御モード?
        if(gSet2Speed < gSetSpeed){
            gSet2Speed+=gSlowUpRatio;
            if(gSet2Speed > gSetSpeed){
                gSet2Speed = gSetSpeed;
            }

        }else if(gSet2Speed > gSetSpeed){
            gSet2Speed-=gSlowUpRatio;
            if(gSet2Speed < gSetSpeed){
                gSet2Speed = gSetSpeed;
            }
        }

        if(gSet2Speed != gSetSpeed){
            IO.PDR5.BIT.B1 = 0;        //LED3on
        }else{
            IO.PDR5.BIT.B1 = 1;        //LED3off
        }
    }else{
        if(gSet2Position < gSetPosition){
            gSet2Position+=gSlowUpRatio;
            if(gSet2Position > gSetPosition){
                gSet2Position = gSetPosition;
            }
```

```
        }else if(gSet2Position > gSetPosition){
            gSet2Position-=gSlowUpRatio;
            if(gSet2Position < gSetPosition){
                gSet2Position = gSetPosition;
            }
        }

        if(gSet2Position != gSetPosition){
            IO.PDR5.BIT.B1 = 0;        //LED3on
        }else{
            IO.PDR5.BIT.B1 = 1;        //LED3off
        }
    }
}

//------------------------------------------------
//   位置制御
//------------------------------------------------

void PositionLoop(void)
{
    static int position;               //位置
    static int setPosition;            //位置指令
    int difference;                    //偏差
    long proportional;
    int maxSpeed;
    long out;

    maxSpeed = gMaxSpeed;
    position = AD.ADDRD/13;
    gPosition=position;
    if(gSlowUpRatio == 0){             //スローアップダウン制御無し?
        gSet2Position = gSetPosition;
    }
    setPosition = gSet2Position;

    difference = setPosition-position; // 偏差演算
    if(difference < DEAD_ZONE && difference > -DEAD_ZONE){
        difference = 0;
    }

    proportional = difference * POSITION_GAIN;
    if(proportional > maxSpeed){       // 正の値制限値以上?
        proportional = maxSpeed;
    }else if(proportional < -maxSpeed){ // 負の値制限値以下?
        proportional = -maxSpeed;
    }

    if(SW_DIR == 0){        // 位置-速度モード?
        gSetSpeed = -proportional;

    }else{
        out = -proportional << 9;
        if(out >= 0){
            if(out > OUT_MAX){
                out = OUT_MAX;
            }
            MotorOut(out, 1);
        }else{
            out = -out;
            if(out > OUT_MAX){
                out = OUT_MAX;
            }
            MotorOut(out, -1);
        }
    }
}
```

プログラムは，本書の紹介ページからダウンロードできます．"CQ　モータのマイコン制御"で検索してください

に，まずCN₃の有無(P15の"L"か"H")で位置制御モードか速度制御モードかを判定し，決定後はそれぞれ**図7-8**の割り当てで動作します．

■実際のプログラム・ソース

プログラムの抜粋を**リスト7-1**に示します．

位置制御が増えたため，特性データ収録機能で使用する項目が，速度・速度指令・位置・位置指令の4項目になります．

HEW(Cコンパイラ)の初期設定ではRAMを1Kバイト使用するようになっていますが，2Kバイト使用に変更しました．

速度制御のプログラムに追加した要素は下記になります．

① 台形制御

位置指令から台形制御の位置指令を発生

② 位置制御

位置偏差計算，比例演算，モータ・ドライバ制御出力

7-5 実験装置の位置制御特性

● 位置制御(速度制御ループなし)

▶定常偏差

ダイレクト・モードで指令側のポテンショメータをゆっくり回すと，フィードバック・ポテンショメータが追従します．このとき両方のポテンショメータの電圧差を測定すると定常偏差が求まります．

モータが無負荷の状態で実測した定常偏差は15～20mVとなり，前述の予想と一致します．モータに負荷を加えたときは，この値はさらに大きくなります．

▶駆動特性

電源電圧を12Vとして，位置指令値1Vの位置から4Vの位置まで，プリセット・モードで起動したときの駆動特性を特性データ収録機能を用いて測定した結果を**図7-9 (a)**に示します．

電源電圧を18Vに上げて同様の測定を行うと**図7-9 (b)**のようになり，モータの回転速度が上がり，オーバーシュートやアンダーシュートが大きくなります．つまり，速度制御ループがないと，電源電圧変動が駆動特性に影響します．

● 位置制御(速度制御ループあり)

▶定常偏差

上記の速度制御ループなしのときは定常偏差が発生します．比例積分による速度制御ループありのときは，偏差を積分してモータを回転させるので，定常偏差はなくなることが，実測でも確認できました．

▶起動特性

速度制御ループの機能を利用して，外部設定器で回転速度を2000r/minに設定し，電源電圧12Vで同様の駆動特性を測定すると**図7-10**(p.120)のようになります．同様の測定を電源電圧18Vで行っても，速度制御ループの効果でモータの回転速度は2000r/minに制御され，駆動特性は**図7-10**とほとんど同じになり変化しないことが確認できました．

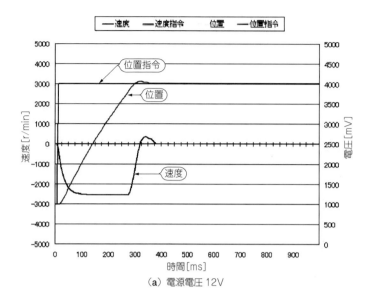

(a) 電源電圧 12V

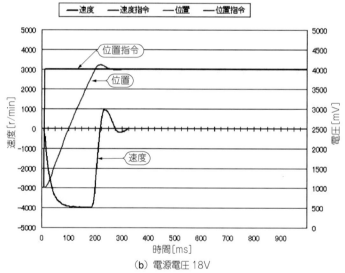

(b) 電源電圧 18V

〈図7-9〉速度ループなしの駆動特性
速度ループがない場合，電源電圧変動が駆動特性に影響する

　図7-11（p.120）は，台形波駆動を行ったときの駆動特性で，位置指令が1〜4Vまで，10000mV/sの台形波で発生されていることが確認できます．

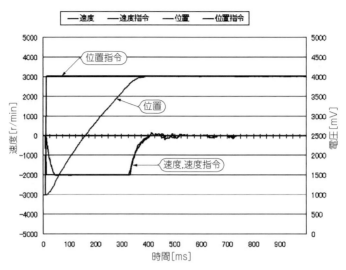

〈**図7-10**〉**速度制御ループありの駆動特性**（電源電圧12V）
速度制御ループの効果でモータの回転速度は2000r/minに制御される

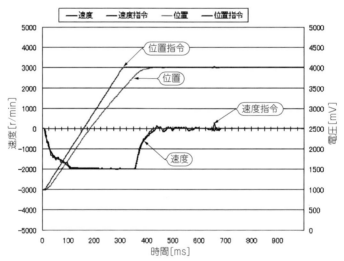

〈**図7-11**〉**速度制御ループありで台形波駆動を行ったときの駆動特性**

第8章

より安定かつ高速応答を目指して

フィードバック制御の理論と実際

DCモータの場合，速度や位置の制御を行うときには，速度信号や位置信号をフィードバックする閉ループ制御が必須です．開ループで制御できることが最大の特徴となるステッピング・モータの場合でも，モータ電流の制御には閉ループ制御が使われています．

制御理論は一般に難解で，第6章と第7章では立ち入った説明は省きました．しかし，よりよい制御結果を求めるためには，制御理論を駆使した解析が必要です．本章では，基本的な制御理論について学習し，それを実際の系に適用して特性の確認を行います．

8-1 モータ制御システムを構成する各要素をモデリングする

制御工学では，制御対象の振る舞いを数学的に記述してモデル化します．数式のままでは扱いにくいので，各制御要素の入出力に着目して定義された伝達関数[1]を使って，解析を進める方法が一般的です．

ここでは，ブラシ付きDCモータ（本章では，以下省略してDCモータと呼ぶ）の速度制御系を例として説明することにします．

● DCモータの動作をモデル化
第4章で説明したように，DCモータの動作をモデル化すると図8-1のようになります．

▶電気回路方程式

電機子の部分は，電機子抵抗R_a[Ω]と電機子インダクタンスL_a[H]，および誘導起電力e_m[V]が直列に接続されたものと考えられ，一般に図8-1のように表します．

DCモータに印加電圧v_a[V]を加えると，電機子電流i_a[A]が流れ，電機子インダクタンスL_aには電流の時間的変化による誘導起電力が，電機子抵抗R_aには電圧降下が発生します．さらに，ロータが回転角速度ω_r[rad/s]で回転すると誘導起電力定数K_E[V/(rad/s)]に比例した誘導起電力e_m[V]も発生します．

以上の動作を数式で表すと，式(8-1)，式(8-2)のように電気回路方程式が求まります．

$$v_a(t) = L_a\frac{di_a(t)}{dt} + R_a i_a(t) + e_m(t) \cdots\cdots\cdots (8\text{-}1)$$

$$e_m(t) = K_E\omega_r(t) \cdots\cdots\cdots (8\text{-}2)$$

▶運動方程式

一方，機械的な動作は，電機子電流i_a[A]が流れるとトルク定数K_T[N・m/A]に比例したモータ・

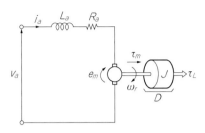

〈図8-1〉 ブラシ付きDCモータの等価回路
電気系と機械系が混在する

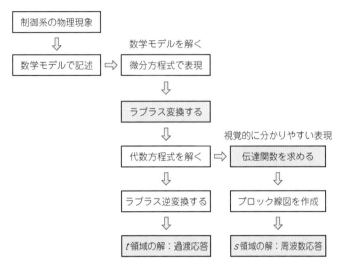

〈図8-2〉 ラプラス変換による制御系解析の流れ

トルク τ_m[N・m]が発生します. これから負荷トルクぶん τ_L[N・m]を差し引いた残りのトルクで, ロータ慣性モーメントJ[kg・m²]と, 粘性制動係数D[N・m/(rad/s)]によって発生するトルクをドライブします. もし, 負荷に慣性モーメントがある場合は, その値をロータ慣性モーメントJに加えて考えます.

　以上の動作を数式で表すと, 式(8-3), 式(8-4)のように機械系の運動方程式が求まります.

$$\tau_m(t) - \tau_L(t) = J\frac{d\omega_r(t)}{dt} + D\omega_r(t) \quad\cdots\cdots\cdots\cdots\cdots\cdots\cdots\cdots\cdots\cdots\cdots\cdots\cdots\cdots\cdots \quad (8\text{-}3)$$

$$\tau_m(t) = K_T i_a(t) \quad\cdots\cdots\cdots\cdots\cdots\cdots\cdots\cdots\cdots\cdots\cdots\cdots\cdots\cdots\cdots\cdots\cdots\cdots\cdots\cdots\cdots\cdots\cdots\cdots \quad (8\text{-}4)$$

このようにモータの動作は, 時間tの関数で表される微分方程式です.

　これらの式から, 例えば印加電圧$v_a(t)$の変化に対する回転角速度$\omega_r(t)$の変化や, 負荷トルク $\tau_L(t)$ の変化に対する回転角速度 $\omega_r(t)$ の変化を求めるためには, 微分方程式を解く必要があります.

　一般に制御工学では, ラプラス変換を活用し, 解きやすくします.

▶ラプラス変換を用いた制御系解析

　ラプラス変換を用いた制御系解析の流れを図示すると, **図8-2**のようになります.

　ラプラス変換を用いると, 時間tの世界(t領域と呼ぶ)の微分方程式が, ラプラス演算子sの世界(s領域と呼ぶ)の代数方程式に変換され, 四則演算で計算できます. 得られたs領域の解(sの関数)からt領域の解(tの関数)への変換は, ラプラス逆変換で求められます.

　また, s領域では伝達関数形式で各要素を表し, それをブロック線図で図形化して分かりやすい表現にして, 周波数応答で評価するのが一般的な手法です.

　式(8-1)〜式(8-4)をラプラス変換して, DCモータの伝達関数やブロック線図を求めてみます[注8-1].

注8-1：ラプラス変換やラプラス逆変換は, 制御工学関係の書籍に載っているラプラス変換表を利用して, 容易に求めることができる.
例：$u(t) \rightarrow \dfrac{df(t)}{dt}$, $e^{-at} \rightarrow \dfrac{1}{s+a}$, $\dfrac{1}{s} \rightarrow sF(s) - f(0)$

$$V_a(s) = sL_aI_a(s) + R_aI_a(s) + E_m(s)$$
$$E_m(s) = K_E\Omega_r(s)$$
$$T_m(s) - T_L(s) = sJ\Omega_r(s) + D\Omega_r(s)$$
$$T_m(s) = K_TI_a(s)$$

これを$\Omega_r(s)$と$I_a(s)$について整理すると，

$$\Omega_r(s) = \frac{1}{sJ+D}\{T_m(s) - T_L(s)\} \quad\cdots\cdots\cdots\cdots\cdots\cdots\cdots\cdots\cdots\cdots\cdots\cdots \text{(8-5)}$$

$$I_a(s) = \frac{1}{sL_a+R_a}\{V_a(s) - K_E\Omega_r(s)\} \quad\cdots\cdots\cdots\cdots\cdots\cdots\cdots\cdots\cdots\cdots \text{(8-6)}$$

となります．

　式(8-5)と式(8-6)の関係を，さらに図形化すると，**図8-3**のようにDCモータの等価ブロック線図が得られます．

　通常，モータ自体の粘性制動係数Dは小さいのでこれを無視し，さらに電機子抵抗R_aに比べてインダクタンスL_aが小さいときはこれも無視すると，等価ブロック線図は**図8-4**のように簡単になります．この図から回転角速度$\Omega_r(s)$と印加電圧$V_a(s)$ならびに負荷トルク$T_L(s)$の関係を求めると，次のようになります．

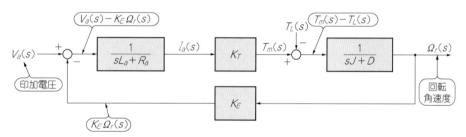

〈図8-3〉DCモータの等価ブロック線図

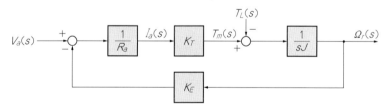

〈図8-4〉DCモータの等価ブロック線図
$L_a \fallingdotseq 0$, $D \fallingdotseq 0$の場合

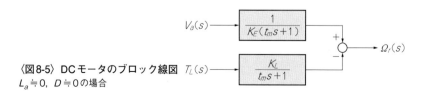

〈図8-5〉DCモータのブロック線図
$L_a \fallingdotseq 0$, $D \fallingdotseq 0$の場合

$$\Omega_r(s) = \frac{1}{\dfrac{R_a J}{K_E K_T}\, s + 1}\left\{ \frac{V_a(s)}{K_E} - \frac{R_a T_L(s)}{K_E K_T} \right\} \hspace{2cm} (8\text{-}7)$$

ここで,

$$t_m = \frac{R_a J}{K_E K_T} \hspace{2cm} (8\text{-}8)$$

$$K_L = \frac{R_a}{K_E K_T} \hspace{2cm} (8\text{-}9)$$

とすると,

$$\Omega_r(s) = \frac{1}{t_m s + 1}\left\{ \frac{1}{K_E} V_a(s) - K_L T_L(s) \right\} \hspace{2cm} (8\text{-}10)$$

となり, これをブロック線図で表すと, **図8-5**のようになります.

　図8-4のブロック線図と基本的には同じ内容ですが, 入力を$V_a(s)$と$T_L(s)$と考えたときの, 出力$\Omega_r(s)$との関係が, より分かりやすい表現になります.

　t_mは機械的時定数, K_Lは負荷トルクに対する回転角速度の変化の割合を示すパラメータ(DCモータの垂下特性の勾配)となります.

　式(8-10)は, DCモータの回転角速度は, 印加電圧ならびに負荷トルクの変化に対して, t_mを時定数とする1次遅れの特性であることを示しています.

　慣性モーメントが大きくなると, t_mは比例して大きくなります. 例えばロータ慣性モーメントと等しい慣性モーメントをもつ負荷を結合すると, t_mは2倍になります. またR_aが小さく, K_EとK_Tが大きなモータは, t_mとK_Lが小さくなります.

▶ステップ応答

　無負荷状態で, 印加電圧$v_a(t)$として$E\,[\mathrm{V}]$のステップ状の電圧を加えたとします. 回転角速度$\omega_r(t)$のステップ応答は, 式(8-10)のDCモータの伝達関数を使って, 以下のように求めることができます.

　$u(t)$を単位ステップ関数とすると,

　　$v_a(t) = E u(t)$

となるので, これをラプラス変換すると,

　　$V_a(s) = \dfrac{E}{s}$

となります. これを式(8-10)に代入すると,

$$\Omega_r(s) = \frac{1}{K_E} \cdot \frac{1}{t_m s + 1} \cdot \frac{E}{s} = \frac{E}{K_E}\left(\frac{1}{s} - \frac{1}{s + \dfrac{1}{t_m}} \right) \hspace{1.5cm} (8\text{-}11)$$

となります. 式(8-11)をラプラス逆変換して, t領域に戻すと,

$$\omega_r(t) = \frac{E}{K_E} \cdot \left(1 - e^{-\frac{t}{t_m}} \right) \hspace{2cm} (8\text{-}12)$$

となり, 時間関数としてのステップ応答が求まります.

▶周波数応答

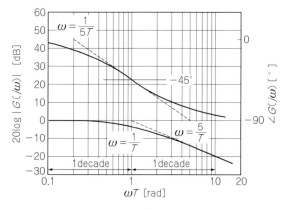

〈図8-6〉1次遅れ要素のボーデ線図

ゲイン曲線と位相曲線で表し，それぞれ次式でその値を求める．
ゲイン曲線：
$$|G(j\omega)| = -20\log10\sqrt{1+(\omega T)^2}$$
位相曲線：
$$\angle G(j\omega) = -\tan^{-1}(\omega T)$$

　制御系の応答特性を評価する方法には，ステップ応答の他に周波数応答があります．周波数応答は入力信号の周波数を変えたときの出力信号の変化を求めるもので，結果をボーデ線図で表示する方法が用いられています．

　無負荷状態の，DCモータの入力$V_a(s)$と出力$\Omega_r(s)$の関係は，式(8-10)から，

$$\frac{\Omega_r(s)}{V_a(s)} = \frac{1}{K_E} \cdot \frac{1}{t_m s + 1} \dotfill (8\text{-}13)$$

となります．

　この式のsを角周波数$j\omega$にすると，周波数伝達関数を求められます．

$$\frac{\Omega(j\omega)}{V_a(j\omega)} = \frac{1}{K_E} \cdot \frac{1}{j\omega t_m + 1} \dotfill (8\text{-}14)$$

　一般に，

$$G(j\omega) = \frac{1}{1 + j\omega T}$$

の形式となる伝達要素を一次遅れ要素と呼びます（**図8-6**）．

● その他の制御要素

　実測結果と直接比較できる理論値を求めるには，DCモータ以外の要素もモデル化しておかなければいけません．分かりやすい実験を目的としているので，これらの要素はできるだけ理想的な特性を得られるようパーツを選び，モデルを簡単にします．

▶パワー・アンプ

　入力信号電圧を増幅して，モータを駆動するための電圧を出力する要素で，入力信号の周波数に関係なくゲインが一定であることが理想的な特性となります．**図8-7**に回路図を示します．

　実験に便利なように，ゲインは×1〜100まで，スイッチで切り替えられるようにしました．

　この回路の周波数特性を$A=1$（$G=0$dB），10（$G=20$dB），100（$G=40$dB）の場合について測定した結果を**図8-8**に示します．

　パワー・アンプの伝達関数ブロックは，$A=10$（$G=20$dB）以下のとき，ゲインA（定数）とみなすこ

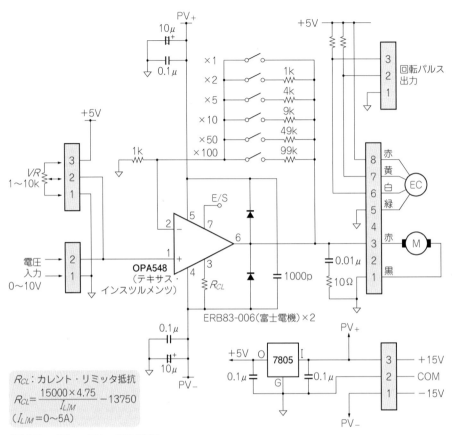

<図8-7> パワー・アンプの回路図

R_{CL}：カレント・リミッタ抵抗

$$R_{CL} = \frac{15000 \times 4.75}{I_{LIM}} - 13750$$

$(I_{LIM} = 0\sim5\text{A})$

とができるので，**図8-9**のようになります．

▶速度センサ(タコジェネレータ)

　モータの回転角速度を入力としたとき，入力に比例した電圧を出力する要素で，検出時間の遅れなどがないことが理想です．ここでは速度発電機(タコジェネレータ)を使用します．専用のタコジェネレータは高価なので，手元にあったコアレスDCモータ D21.216E B120X (escap)[3] で代用します．概略仕様を**表8-1**に示します．

　速度センサの伝達関数ブロックを，**図8-10**に示します．

▶加え合わせ点

　最終的に速度制御のフィードバック制御系を構成するには，速度指令値と速度フィードバック信号を比較するための，加え合わせ点(summing point)が必要です．

　図8-11に示すOPアンプを用いた差動増幅器を使います．この回路の伝達関数ブロックを**図8-12**に示します．

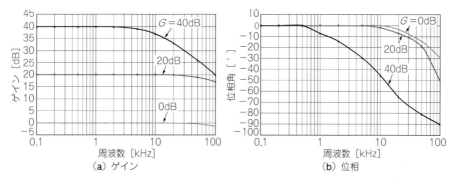

〈図8-8〉パワー・アンプの周波数特性

〈表8-1〉タコジェネレータとしての概略仕様

D21.216E B120X は旧製品．現在の相当品の型式は23V48-216E・9となる

項　目	数　値	単　位
誘導起電力定数	2.47	[V/1000 rpm]
	0.0236	[V/(rad/s)]
端子間抵抗	4.7	[Ω]
電機子インダクタンス	0.80	[mH]
慣性モーメント	5.9×10^{-7}	[kg·m²]

A：ゲイン　1～10[倍]

〈図8-9〉パワー・アンプの伝達関数ブロック

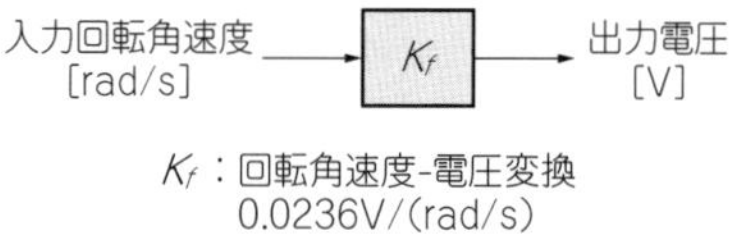

入力回転角速度 [rad/s] → K_f → 出力電圧 [V]

K_f：回転角速度-電圧変換
0.0236V/(rad/s)

〈図8-10〉速度センサの伝達関数ブロック

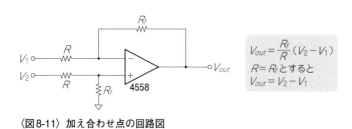

$$V_{out} = \frac{R_f}{R}(V_2 - V_1)$$
$R = R_f$ とすると
$$V_{out} = V_2 - V_1$$

〈図8-11〉加え合わせ点の回路図

〈図8-12〉加え合わせ点の伝達関数ブロック

8-2 モデリングした要素を組み合わせる

　用意した各制御要素を**図8-13**のように結合して速度制御系を構成すると，ブロック線図は**図8-14 (a)**のようになります．入出力特性を計算するため，このブロック線図を等価変換すると**図8-14 (b)**になります．

　この図から回転角速度$\Omega(s)$と，速度指令値$R(s)$および負荷トルク$T_L(s)$との関係を求めると，

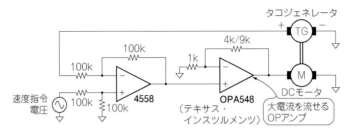

〈図8-13〉速度制御回路の簡略図

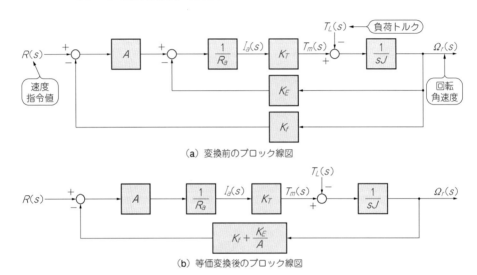

（a）変換前のブロック線図

（b）等価変換後のブロック線図

〈図8-14〉速度制御系のブロック線図

$$\Omega(s) = \cfrac{1}{\cfrac{t_m}{\cfrac{AK_f}{K_E}+1}s+1}\left\{\cfrac{R(s)}{K_f+\cfrac{K_E}{A}} - \cfrac{K_L}{\cfrac{AK_f}{K_E}+1}T_L(s)\right\}$$

$$= \cfrac{1}{t_{mf}s+1}\left\{\cfrac{R(s)}{K_f+\cfrac{K_E}{A}} - K_{Lf}T_L(s)\right\} \quad\cdots\cdots (8\text{-}15)$$

となります．ここで，

$$t_{mf} = \cfrac{t_m}{\cfrac{AK_f}{K_E}+1} \quad\cdots\cdots (8\text{-}16)$$

$$K_{Lf} = \cfrac{K_L}{\cfrac{AK_f}{K_E}+1} \quad\cdots\cdots (8\text{-}17)$$

としています．式(8-10)と比較すると，速度制御を行うことで，無制御時のt_mとK_Lが，いずれも

$$\frac{1}{\dfrac{AK_f}{K_E}+1}$$

に小さくなって，応答性と負荷特性が改善されます．

8-3 モデリングを利用した予測と実測

　DCモータの実機として，第4章で説明したブラシ付きDCモータDMN37JB（エンコーダ付きの場合はDMN37JEB，日本電産サーボ）について，特性算定と実測を行ってみます．

● モータの特性算定

　このモータの各定数を**表8-2**に示します．表の値を式(8-8)に代入して機械的時定数t_mを求めると，

$$t_m = \frac{4.1 \times 5.9 \times 10^{-6}}{0.048 \times 0.048} \fallingdotseq 10\text{ms} \cdots\cdots (8\text{-}18)$$

となります．

　参考のため，電気的時定数t_eを求めると，

$$t_e = \frac{L_a}{R_a} = \frac{2.9 \times 10^{-3}}{4.1} \fallingdotseq 0.71\text{ms} \cdots\cdots (8\text{-}19)$$

となり，t_mと比べると十分小さいことが分かります．

● 無制御のDCモータの特性測定

　DCモータを無制御，すなわち速度制御を加えないときの特性を測定します．モータの回転速度は，**写真8-1**に示すように，DCモータの出力軸にカップリングで直結したタコジェネレータの出力電圧で測定します．

▶ステップ応答

　図8-15に示すように，最大回転速度の63.2%に達するまでの時間，すなわち機械的時定数t_mを求めると11.5msとなり，計算値とほぼ等しくなります．

▶周波数応答特性

　用意したパワー・アンプでDCモータを駆動し，正弦波入力電圧の周波数を変えたときの回転速度（タコジェネレータ電圧）の変化をディジタル・オシロスコープで観測します．その結果からゲイン（入出力電圧の比）と位相差を求めると，周波数応答特性は，**図8-16**のようになります．この位相曲線から－45°の点の周波数を求めると，16Hzとなります．この点が折点周波数であると考えると，

$$t_m = \frac{1}{\omega} = \frac{1}{2\pi f} = \frac{1}{2\pi \times 16} \fallingdotseq 10\text{ms} \cdots\cdots (8\text{-}20)$$

となり，式(8-18)の計算値と一致します．

● 速度制御したDCモータの特性を推定してみる

　速度制御時の制御要素を**表8-1**，**表8-2**から下記の値とします．

〈表8-2〉DCモータDMN37JBの各定数

項　　目	数　値	記号[単位]
電機子抵抗	4.1	$R_a[\Omega]$
電機子インダクタンス	2.9×10^{-3}	$L_a[\mathrm{H}]$
誘導起電力定数	0.048	$K_E[\mathrm{V/(rad/s)}]$
トルク定数	0.048	$K_T[\mathrm{N\cdot m/A}]$
ロータ慣性モーメント	5.9×10^{-6}	$J[\mathrm{kg\cdot m^2}]$

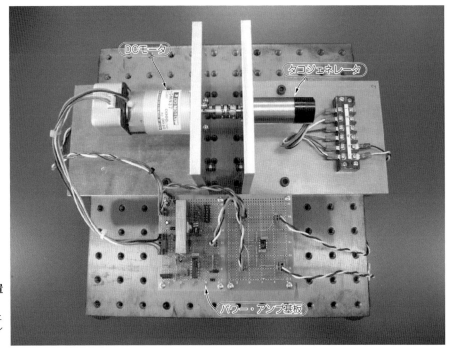

〈写真8-1〉実験装置
の外観
DCモータとタコジェ
ネレータをカップリン
グで直結

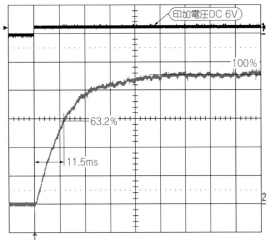

〈図8-15〉DCモータのステップ応答特性（ch1：20V/div.,
ch2：0.5V/div.,　10ms/div.)

〈図8-16〉DCモータの周波数応答特性

$K_f = 0.0236\text{V}/(\text{rad/s})$

$K_E = 0.048\text{V}/(\text{rad/s})$

$A = 5$ および 10

式(8-16)から速度制御時の機械的時定数 t_{mf} の値を算定すると，$t_m=10\text{ms}$ のとき，$A=5$ の場合は，

$$t_{mf} = \frac{t_m}{\dfrac{AK_f}{K_E}+1} = \frac{t_m}{\dfrac{5\times0.0236}{0.048}+1} = \frac{t_m}{3.46} = 2.9\text{ms} \cdots\cdots (8\text{-}21)$$

同じく，$A=10$ の場合は，

$$t_{mf} = 1.7\text{ms} \cdots\cdots (8\text{-}22)$$

となり，無制御時の値の $30\sim17\%$ に短縮されるはずです．

● **速度制御したDCモータの特性**

パワー・アンプのゲインを $A=5$（$G=14\text{dB}$）と $A=10$（$G=20\text{dB}$）とした場合について，速度制御を加えた状態で，無制御時と同様の測定を行い，特性の変化を確認してみます．

▶**ステップ応答特性**

速度制御時のステップ応答は，**図8-17**のようになりました．機械的時定数は式(8-21)，式(8-22)に近

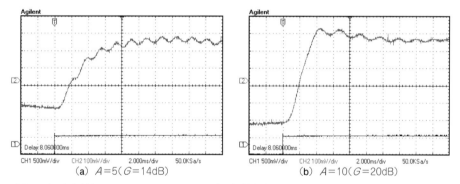

　　　　　（a）$A=5$（$G=14\text{dB}$）　　　　　　　　（b）$A=10$（$G=20\text{dB}$）

〈図8-17〉**速度制御したDCモータのステップ応答特性**（ch1：500mV/div.，ch2：200mV/div.，2ms/div.）

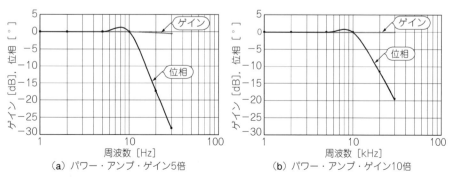

　　（a）パワー・アンプ・ゲイン5倍　　　　　　　（b）パワー・アンプ・ゲイン10倍

〈図8-18〉**速度制御したDCモータの周波数応答特性**

い値に短縮されていることが確認できます.

　しかし，$A=10$（$G=20$dB）の場合はオーバーシュートが大きく，またいずれも振動的な速度変動が見られます.

▶周波数応答特性

　速度制御時の周波数応答特性も，**図8-18**に示すように，高域に延びていることが確認できます.

8-4　1次遅れ近似の速度制御系のシミュレーション

　測定結果について，理論値と実験値の差の分析を行い，シミュレータを使って理論的な検討を行ってみましょう.

　図8-4に示したように，DCモータの伝達関数は，電機子抵抗R_aに比べて電機子インダクタンスL_aが小さく，かつ粘性制動係数Dも小さいとき1次遅れ系とみなせます.これにより，その後の制御系全体の数式の展開が簡単になりました.

　つまり，無負荷時のDCモータの伝達関数$G_{m1}(s)$は，式(8-1)のように1次遅れで近似できるとしました.このDCモータに，パワー・アンプの伝達関数をA[倍]，速度センサ（速度フィードバック要素）の伝達関数をK_f[V/(rad/s)]として速度制御を行い（**図8-19**），周波数応答を測定して時定数や周波数応答が無制御時に比べて改善されることを確かめました.

$$G_{m1}(s) = \frac{\Omega_r(s)}{V_a(s)} = \frac{1}{K_E} \cdot \frac{1}{t_m s + 1} = \frac{1}{0.048} \cdot \frac{1}{10 \times 10^{-3} s + 1} \quad \cdots\cdots\cdots\cdots\cdots\cdots (8\text{-}23)$$

ただし，$\Omega_r(s)$[rad/s]：回転角速度，$V_a(s)$[V]：印加電圧，K_E[V/(rad/s)]：誘導起電力定数（0.048はDCモータDMN37JBの値），t_m[s]：機械的時定数（10×10^{-3}はDCモータDMN37JBの仕様から求めた値）

● モデルから求めた理論値の周波数特性を確認

　制御系シミュレータであるMATLAB/Simulinkを使ってボーデ線図を作成してみます.

　図8-19の各ブロックにそれぞれの要素の定数を代入してMATLAB/Simulinkでボーデ線図を作成すると，**図8-20**のように速度制御系（1次遅れ近似）の伝達関数$G_{S1}(s)$のボーデ線図が求まります.

　ここでは，無制御時のモータの伝達関数$G_{m1}(s)$と速度制御時の伝達関数$G_{S1}(s)$（パワー・アンプのゲインAは5倍と10倍）を，比較のためいっしょに示しています.

　速度制御を行い，さらにゲインを大きくすることによって，回転速度の指令値応答特性が改善されることがボーデ線図からも確認できます.

● 制御系の安定判別法…本来は実物を作る前に確認しておく

　この速度制御系の安定判別を行うために，**図8-21**に示すようにフィードバック経路を切り離し，この系の閉ループを一巡する伝達関数（一巡伝達関数と呼ぶ）を求め，そのボーデ線図（開ループ・ボーデ線図とも呼ぶ）を作成します（**図8-22**）.

　一般に安定判別は，開ループ・ボーデ線図から位相余裕やゲイン余裕を次のように求めて行います.

- 位相余裕：ゲイン曲線が0dBのときの位相角を，$-180°$から測った角度
- ゲイン余裕：位相曲線が$-180°$のときのゲインを，0dBのラインから測った値（負になる）

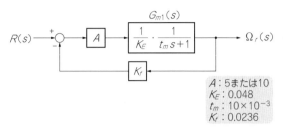

〈図8-19〉 速度制御系(1次遅れ)のブロック線図
無負荷時のDCモータの伝達関数を1次遅れで近似

A：5または10
K_E：0.048
t_m：10×10^{-3}
K_f：0.0236

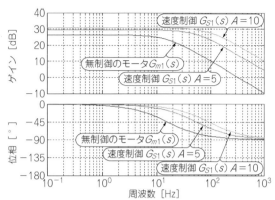

〈図8-20〉 DCモータと速度制御系(1次遅れ)のボーデ線図

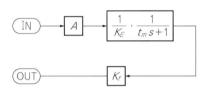

〈図8-21〉 安定判別を行うために作成した閉ループの一巡伝達関数

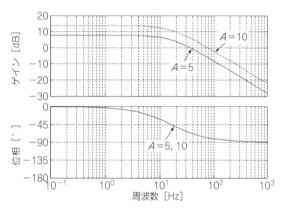

〈図8-22〉 速度制御系(1次遅れ)の一巡伝達関数のボーデ線図
開ループ・ボーデ線図とも呼ばれる

サーボ機構の位相余裕とゲイン余裕の適当な範囲は，一般に次の値であると言われています．
- 位相余裕：$40 \sim 60°$
- ゲイン余裕：$-10 \sim -20$dB

1次遅れ系の場合は，位相遅れの最大値が$-90°$なので安定判別の必要はないことになりますが，あくまで1次遅れ近似自体が正しいということが前提条件になります．

8-5 電機子インダクタンスを含めた2次遅れの伝達関数

1次遅れ要素による理論値では，ボーデ線図(**図8-20**)に示すように，位相遅れの最大値は$-90°$です．しかし，周波数応答特性の実測値(**図8-16**)を見ると，位相遅れが$-90°$を超えていて，理論値と異なります．これは，電機子インダクタンスL_aを省略したことが原因と考えられます．そこで，**図8-23**に示すように，電機子インダクタンスL_aを含めたモータの伝達関数$G_{m2}(s)$を求めると，式(8-24)のように

なります.

$$G_{m2}(s) = \frac{\Omega_r(s)}{V_a(s)} = \frac{\dfrac{K_T}{(sL_a + R_a)\,sJ}}{1 + K_E \cdot \dfrac{K_T}{(sL_a + R_a)\,sJ}} = \frac{1}{K_E} \cdot \frac{1}{\dfrac{L_a J}{K_E K_T}s^2 + \dfrac{R_a J}{K_E K_T}s + 1}$$

$$= \frac{1}{K_E} \cdot \frac{1}{t_e t_m s^2 + t_m s + 1} \quad\dotfill\quad (8\text{-}24)$$

ただし, $J\,[\mathrm{kg \cdot m^2}]$：ロータ慣性モーメント, $K_T\,[\mathrm{N \cdot m/A}]$：トルク定数で,

$$t_m = \frac{R_a J}{K_E K_T}：機械的時定数$$

$$t_e = \frac{L_a}{R_a}：電気的時定数$$

です. つまり, モータの伝達関数$G_{m2}(s)$は2次遅れ系になります. 式(8-24)に, DCモータ DMN37JBの各定数(**表8-2**)を代入すると, $G_{m2}(s)$は式(8-25)のようになります.

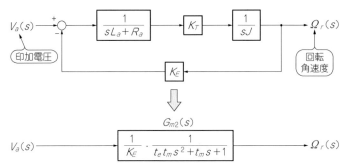

〈図8-23〉電機子インダクタンスを追加したDCモータのブロック線図(無負荷, $D \fallingdotseq 0$)

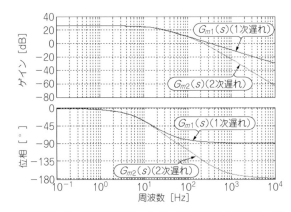

〈図8-24〉$G_{m1}(s)$(1次遅れ)と$G_{m2}(s)$(2次遅れ)のボーデ線図
2次遅れの位相曲線は-90°を通過して-180°に向かって近づく

$$G_{m2}(s) = \frac{1}{0.048} \cdot \frac{1}{7.4 \times 10^{-6} s^2 + 10 \times 10^{-3} s^2 + 1} \quad \cdots\cdots\cdots\cdots\cdots\cdots\cdots\cdots\cdots\cdots (8\text{-}25)$$

　式(8-23)の1次遅れと，式(8-24)の2次遅れの特性を比較するためボーデ線図を作成すると，**図8-24**のようになります．

　両者を比較すると，位相曲線は，$G_{m1}(s)$が$-45°$を越えると$-90°$へしだいに近付くのに対して，$G_{m2}(s)$は$-90°$をそのまま通過して$-180°$へしだいに近付く特性で．

　ゲイン曲線は，$G_{m1}(s)$は$-20\mathrm{dB/dec.}$の直線的な減衰特性なのに対して，$G_{m2}(s)$は中域で$-20\mathrm{dB/dec.}$の減衰，高域では$-40\mathrm{dB/dec.}$の減衰に変わる特性を示します．

　今回の例では，実測特性の**図8-18**と比較して，周波数の低域から中域までは1次遅れの近似で差し支えないものの，高域では大きくずれて正しい特性を示さず，2次遅れの近似のほうがより正確なことが分かります．

8-6 2次遅れの速度制御系のシミュレーション

　上記の結果をふまえ，速度制御系にも2次遅れのモデルを適用してみます．パワー・アンプをA［倍］，速度センサをK_f［V/（rad/s）］として，速度制御系のブロック線図を作成すると**図8-25**のようになります．

　このブロック線図から速度制御系の伝達関数$G_{S2}(s)$を求めると，式(8-26)のようになります．

$$G_{s2}(s) = \frac{\Omega_r(s)}{R(s)} = \frac{1}{K_f + \dfrac{K_E}{A}} \cdot \frac{1}{\dfrac{t_e t_m}{\dfrac{AK_f}{K_E}+1}s^2 + \dfrac{t_m}{\dfrac{AK_f}{K_E}+1}s + 1} \quad \cdots\cdots\cdots\cdots\cdots\cdots\cdots (8\text{-}26)$$

　式(8-24)と比較すると，速度制御によって電気的，機械的時定数が，

$$\frac{1}{\dfrac{AK_f}{K_E}+1}$$

に小さくなっています．すなわち，式(8-15)での説明と同様です．

　速度制御系（2次遅れ）の伝達関数$G_{S2}(s)$の周波数応答を，アンプ・ゲインAが5倍と10倍の場合について求めると**図8-26**のようになります．

　この速度制御系の安定判別をするために，この系の一巡伝達関数のボーデ線図を作成すると，**図8-27**のようになります．

　位相余裕とゲイン余裕は，それぞれ**表8-3**のようになり，十分に余裕があるので安定な系であると考えられます．しかし，あまり余裕が大きすぎると系の応答性が悪くなるとも言われています．

　表8-3の安定判別から，理論的にはまだゲインを上げることができると考えられます．しかし，実測した速度制御時のステップ応答（**図8-15**）には，振動的な速度変動が発生していたので，さらに詳細な検討が必要と考えられます．

　MATLAB/Simulinkでは，ステップ応答を求めることもできます．**図8-28**はその一例で，アンプ・ゲインA＝5倍と10倍の場合の応答特性です．A＝10倍ではオーバーシュートが発生しており，立ち上がり時間も8-3節の特性算定値や実測結果に近い値を示しています．

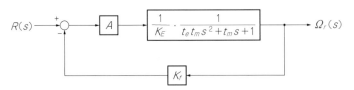

〈図8-25〉 速度制御系(2次遅れ)のブロック線図
図8-14のブロック線図から負荷トルクを省いたものと等価である

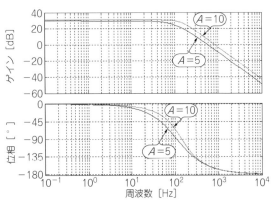

〈図8-26〉 速度制御系(2次遅れ)のボーデ線図

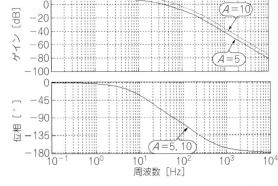

〈図8-27〉 速度制御系(2次遅れ)の一巡伝達関数のボーデ線図

表8-3 図8-27から得た安定判別結果

アンプのゲインA[倍]	位相余裕 [°]	ゲイン余裕 [dB]
5	104	− 80
10	83	− 75

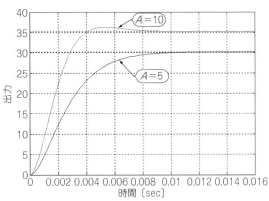

〈図8-28〉 ステップ応答のシミュレーション
立ち上がり時間など,前回の特性算定値と実測結果に近い値を示
している

8-7 実用的な制御回路の伝達関数

　8-1節では,できるだけ単純な伝達関数を得るために,速度センサ部にタコジェネレータを,パワー・アンプ部にリニア・アンプをあえて使用しました.

　実際の速度制御に多く使われているインクリメンタル・エンコーダやPWM制御のフル・ブリッジ回路を用いると,伝達関数や制御特性がどのように変化するのかを調べてみましょう.

● 速度センサはインクリメンタル・エンコーダが一般的

タコジェネレータ（速度発電機）は優れた特性を持つ速度センサですが，温度特性を良くしたり，ブラシレス化したものは非常に高価なので，現在ではインクリメンタル・エンコーダを使用するのが一般的です．

インクリメンタル・エンコーダのパルス出力は，回転速度に比例した周波数出力です．これを目的に応じて変換して速度信号にします．

第6章，第7章で使用したパルス間隔から速度を求める方法の場合，次のパルスが来るまでデータは更新されません．制御理論では，この時間をむだ時間 T [s] と考えて伝達関数を定めます．

回転速度を $\omega_r(t)$ [rad/s]，速度センサ出力を $v_f(t)$ [V] とすると，

$$\frac{v_f(t)}{\omega_r(t)} = K_f(t - T) \quad\cdots\cdots (8\text{-}27)$$

と表せます．K_f [V/(rad/s)] は回転速度を電圧に変換するときの係数で，ここでは定数とします．

式(8-27)をラプラス変換して，速度センサの伝達関数 $G_f(s)$ を求めると，

$$G_f(s) = \frac{v_f(s)}{\Omega_r(s)} = K_f e^{-Ts} \quad\cdots\cdots (8\text{-}28)$$

となり，$G_f(s)$ の周波数応答特性は，

$$|G_f(j\omega)| = K_f$$
$$\angle G_f(j\omega) = -\omega T \quad\cdots\cdots (8\text{-}29)$$

となります．ゲインは角周波数で変わらない一定の値 K_f で，位相遅れは信号の角周波数 ω とむだ時間 T に比例して大きくなります．

式(8-29)の単位を，[rad] から [°] と f [Hz] にそれぞれ変換すると，

$$\angle G_f(f) = -\frac{180}{\pi} \cdot 2\pi f T = -360 f T \, [°] \quad\cdots\cdots (8\text{-}30)$$

となります．

パルス数 n [p/r] のエンコーダが，回転速度 N [r/min] で回転しているときのむだ時間 T [s] は，

$$T = \frac{1}{\frac{Nn}{60}} = \frac{60}{Nn} \quad\cdots\cdots (8\text{-}31)$$

となるので，これを式(8-30)に代入すると，エンコーダのパルス数 n [p/r] と回転速度 N [r/min]，および信号周波数 f [Hz] に対する位相遅れの関係式は以下になります．

$$\angle G_f(f) = -360 \cdot \frac{60}{Nn} \cdot f = -\frac{f}{Nn} \times 21.6 \times 10^3 \quad\cdots\cdots (8\text{-}32)$$

f が大きく，N と n が小さいほど，位相遅れが大きな値となるので，低パルス・レートのエンコーダでは，低速での安定な制御が難しくなります．

例えば，$n = 1000$p/r，$N = 60$r/min，$f = 10$Hz のとき，位相遅れの値は，式(8-12)から $\angle G_f(f) = -3.6°$ であまり大きくありませんが，$n = 100$p/r のときは，この10倍の $36°$ という大きな位相遅れとなり，系の安定性に影響を及ぼす可能性があります．

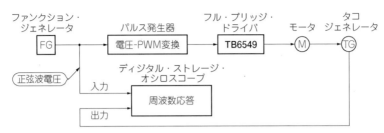

〈図8-29〉周波数応答の測定系（パルス発生器は第13章で製作）

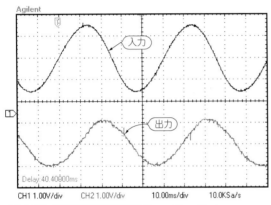

〈図8-30〉周波数応答波形（1V/div., 10ms/div.）

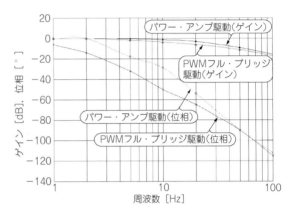

〈図8-31〉DCモータの周波数応答（パワー・アンプ駆動と PWM方式フル・ブリッジ・ドライバ駆動の比較）

● **モータ駆動方式はPWM制御＆フル・ブリッジ・ドライブが一般的**

　ブラシ付きDCモータの駆動用アンプとして，パワー・アンプを用いることも，現在では一般的な方法ではありません．現在では，フル・ブリッジ・ドライバを使い，電力制御はPWM制御で行います．この両者の特性の違いを実測しました．

　図8-29に示すように，第5章で説明したフル・ブリッジ・ドライバTB6549HQ（東芝）でDCモータDMN37JB（日本電産サーボ）を駆動し，回転速度は8-3節と同様にタコジェネレータで検出します．

　ファンクション・ジェネレータの正弦波信号を入力信号として，パルス発生器（第13章参照）の電圧-PWM変換機能でパルス幅に変換してドライバに入力します．タコジェネレータの発生電圧を出力信号として，ディジタル・ストレージ・オシロスコープで計測し，ゲインと位相の周波数特性を算定します．

　図8-30にディジタル・ストレージ・オシロスコープの波形の一例を，**図8-31**に周波数応答の測定結果を，8-3節のパワー・アンプ駆動と比較して示します．

● **まとめ**

　以上のように，制御系の各要素の伝達関数を正しく記述できれば，シミュレーションと実測値をより近づけられます．

　なお，モータの粘性制動係数 D [N・m/(rad/s)] については，数値を同定するのが難しいので，ここでは省略しています．

> ## 第8章 Appendix
> ## 高価なツールを使わずにすませる
> # 無償の回路シミュレータPSpice評価版を利用した
> # 制御系の解析

　第8章では，MATLAB/Simulinkを用いたシミュレーションで説明しました.

　MATLAB/Simulinkは代表的な制御系解析ソフトウェアで，大学や企業の研究室などで多く使われています. しかし，MATLABは安いソフトウェアではないので，個人的にこれを導入するには難があります.

　そこで，一般的な電子回路シミュレータを利用して，同様の解析を行う方法について解説します.

　電子回路シミュレータは,その名の通り回路図を基にその動作を解析するのが基本的な使い方ですが，拡張機能として，回路部品の代わりに，回路機能を数式化したアナログ・ビヘイビア・モデルを使うこともできます. アナログ・ビヘイビア・モデルで機能ブロックを記述し，回路図上で結線すればブロック線図を作成でき，システム解析を行うことができます.

　ここでは,SPICE系のソフトの一つであるOrCAD Family Release 9.2 Lite Edition（以下OrCAD9.2LEと呼ぶ）を使ってみます. 稿末の参考文献(1)に付録しています.

　OrCAD9.2LEでのシミュレーションの手順は，次のようになります.

● ブロック線図の作成

　OrCAD9.2LEをCapture Lite Editionから起動します. メニューから，[File]-[New]-[Project]をクリックすると，New Projectダイアログが表示されます.

　ここでは，第8章のDCモータの速度制御系のシミュレーションを再現するため，次の5種類の伝達関数のブロック線図をプロジェクトにします.

　　1）**Gm1(s)**：　　DCモータの伝達関数
　　2）**Gs1(s)**：　　速度制御系（1次遅れ近似）の伝達関数
　　3）**Gs1(s) open**：速度制御系（1次遅れ近似）の一巡伝達関数
　　4）**Gs2(s)**：　　速度制御系（2次遅れ）の伝達関数
　　5）**Gs2(s) open**：速度制御系（2次遅れ）の一巡伝達関数

　Nameには上記のプロジェクト名を，例えば **Gm1 (s)** のように入力します.

　Create a New Project Usingのチェック・ボックスは，**Analog or Mixed A/D**を選択します.

　Locationにはプロジェクトを保存するフォルダを指定して[OK]をクリックします.

　Create PSpice Projectというダイアログ・ボックスが表示されるので，ここでは新規のプロジェクトとして，[Create a blank project]を選択して[OK]とすると，回路図ウィンドウSCHEMATIC1:PAGE1が開きます.

　ブロック線図は，機能ブロックに相当するパーツ（回路部品）を呼び出して配置し，配置したパーツ間をワイヤで接続して作成します.

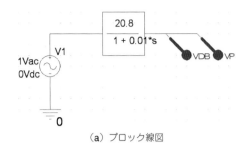

（a）ブロック線図

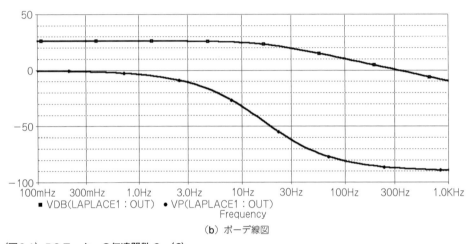

　　■ VDB(LAPLACE1 : OUT)　　● VP(LAPLACE1 : OUT)
Frequency

（b）ボーデ線図

〈図8-A〉DC モーターの伝達関数 $G_{m1}(S)$

▶ パーツを呼び出す

　パーツを呼び出す前に，パーツの呼び出し元であるLibraryに，あらかじめパーツを登録しておく準備が必要です．

　［PAGE1］のメニューから，［Place］-［Part］をクリックして，Place Part ダイアログを表示します．［Add Library］をクリックしてBrowse Fileを開き，使用するパーツが含まれているLibraryを選択して，Libraryの欄に登録しておきます．

　ブロック線図に使用する主要パーツは次の3種類で，Libraryの **abm.olb** に含まれています．上記のAdd Libraryでabm.olbを登録します．

- ラプラス変換：LAPLACE
- ゲイン：GAIN
- 3端子和積：DIFF

これら以外のパーツとして，電子回路シミュレータのAC解析（ACスイープ解析）機能を用いて周波数応答，すなわちボーデ線図を求めるときの信号源と基準電圧（グラウンド）が必要です．

- 電圧源：VAC/SOURCE
- グラウンド：0

どちらもLibraryの **source.olb** に含まれているので，これもあらかじめLibraryに登録しておきます．

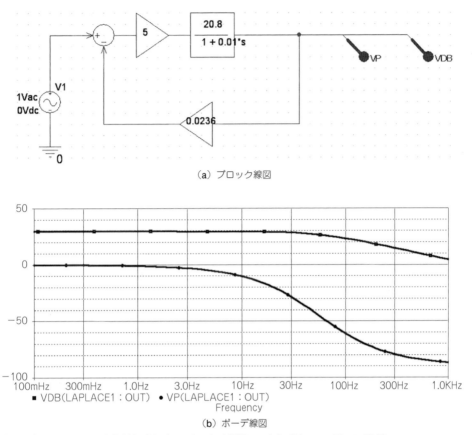

（a）ブロック線図

（b）ボーデ線図

〈図8-B〉DCモータと速度制御系（1次遅れ）の伝達関数 $G_{S1}(S)$（図8-19，図8-20相当）

　各パーツを呼び出すときは，［PAGE1］のメニューから［Place］-［Part］でPlace Partダイアログを表示させます．Partテキスト・ボックスにシンボル名を入力すると，下の枠内にシンボル形状が表示されるので，確認したら［OK］をクリックして図面に貼り付けます．

　ただし，グラウンドだけは少し異なります．メニューの［Place］-［Part］ではなく，［Place］-［Ground］と選びます．Place Groundダイアログが表示されるので，Symbolの下欄にある0を選択すると，0のグラウンド・シンボル形状が表示されます．［Place］-［Ground］から呼び出した0のグラウンドがないとシミュレーションは実行できません．

▶ 配線して必要な値を入力

　パーツの配置ができたら，［Place］-［Wire］でWireを呼び出し，それぞれの端子間を配線します．

　LAPLACEやGAINは，最初に配置した時はdefaultの値になっています．変更するときはその値の部分をダブル・クリックしてDisplay Propertiesダイアログ・ボックスを開き，Valueの欄の値を変更します．

　電圧源は，defaultの値のままでよいので，操作しません．

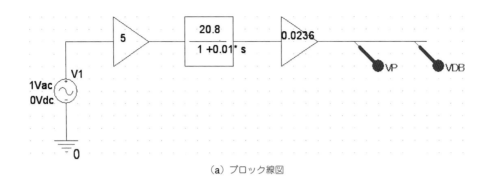

（a）ブロック線図

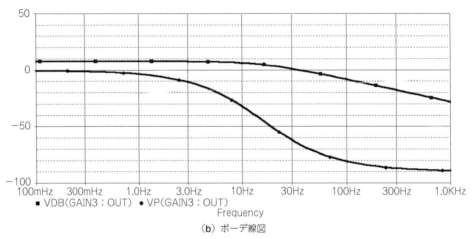

（b）ボーデ線図

〈図8-C〉速度制御系（1次遅れ）の一巡伝達関数 $G_{S_1}(S)$（図8-21，図8-22相当）

● 周波数応答（ボーデ線図）のシミュレーション

電子回路シミュレータの基本的な解析方法には，以下の3通りがあります．

- AC解析：AC Sweep
  信号源の周波数を変化させて，そのときの出力の様子を調べる解析
- DC解析：DC Sweep
  直流電圧や直流電流を変化させて，そのときの出力の様子を調べる解析
- 過渡解析：Time Domain（Transient）
  横軸に時間をとり，時間の経過とともに回路の信号が変化するようすを調べる解析　ここでは周波数応答特性，すなわちボーデ線図を求めるため，AC解析を行います．

OrCAD9.2LEで解析を行う場合は，初めに解析の種類や条件を設定するためのSimulation Profileを作成します．

メニューから，[PSpice]-[New Simulation Profile]をクリックすると，New Simulationダイアログ・ボックスが表示されるので，Nameにプロジェクト名を入力して，[Create]をクリックするとSimulation Settingウィンドウが開きます．

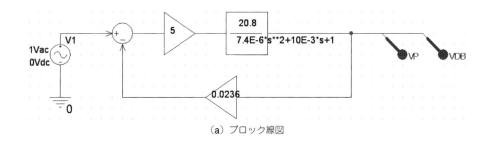

（a）ブロック線図

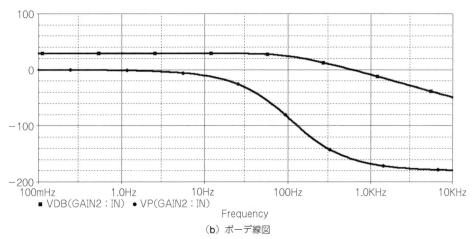

（b）ボーデ線図

〈図8-D〉　速度制御系（2次遅れ）の伝達関数 $G_{S2}(S)$　（図8-25，図8-26相当）

AnalysisでAnalysis typeのリストからAC Sweep/Noiseを選択すると，AC Sweep Typeという欄が現れるので，Logarithmic，Decadeを選択し，さらにStart Frequency，End Frequencyをそれぞれ設定し，Points/Decadeを設定（例えば20）し，[OK]をクリックします．

次にブロック線図上の観測したいポイントにマーカを配置します．ここでは出力の振幅と位相の周波数特性を観測したいので，電圧振幅をデシベル表示（1V=0dB）するdB Magnitude of Voltageと電圧の位相を表示するPhase of Voltageを使います．

メニューから，[PSpice]-[Markers]-[Advanced]-[dB Magnitude of Voltage]をクリックするとVDBマーカが現れるので，マーカの先端を観測点に合わせ左ボタンをクリックして配置します．

同様に，[PSpice]-[Markers]-[Advanced]-[Phase of Voltage]をクリックするとVPマーカが現れるので，上と同じ観測点に配置します．

以上で準備が整いましたので，メニューから，[PSpice]-[Run]をクリックするとシミュレーションが実行されます．

5種類のプロジェクトについて作成したブロック線図と，その解析結果のボーデ線図をまとめて**図8-A〜図8-E**に示します．

解析結果の表示形式は，defaultでは黒を背景としたグラフ上に振幅（ゲイン）と位相が同時に表示されます．背景色を変えたり，振幅（ゲイン）と位相を別々のグラフに表示したりすることもできます．詳

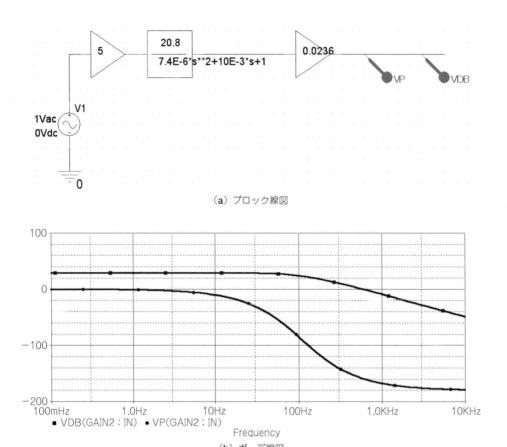

（a）ブロック線図

（b）ボーデ線図

〈図8-E〉速度制御系（2次遅れ）の一巡伝達関数 $G_{S2}(S)$ open（図8-27相当）

しくは，稿末の参考文献(2)を参照してください.

一定角ずつ動くしくみを詳説
ステッピング・モータの構造と特性

● ステッピング・モータとは

ステッピング・モータは，1ステップずつ動いては止まることができます．回転角度は入力パルス数に比例し，回転速度はパルス周波数(パルス・レート)に比例します．速度センサや位置センサを使ってフィードバック制御を行わなくても，オープン・ループで速度制御や位置制御を簡便に行うことができるのが大きな特徴です．

ステッピング・モータは，ステータ巻き線がいくつかの相に分かれています．それぞれの相に流す電流(励磁電流と呼ぶ)を決められたパターンで順次切り替えると，一定の回転角度でステップ状に回転/停止します．切り替えパターン1回り(電気角360°)で何度動くかはモータによって違います．

現在2相，3相，5相のモータが実用化されています．特殊なケースとしては単相のものもあり，一つの相の電流の方向を正/逆に反転させることで回転させており，1方向に回転すればよい時計などに使われています．

ステッピング・モータには，VR(Variable Reluctance)型，PM(Permanent Magnet)型，HB(Hybrid)型があります(第3章参照)．ここでは，現在制御用として主流となっているHB型について，構造や特性を解説します．

9-1 構造と動作原理

● 2相HB型

2相HB型ステッピング・モータの外観形状の例を写真9-1に示します．基本ステップ角(後述)が1.8°で，フレーム・サイズは□42(42mm角)と□56が代表的です．このほかに□28，□39，□60や，φ50，φ60と多くの種類があります．基本ステップ角は，1.8°の半分(0.9°)のタイプもあります[1]．

モータのフランジを取り外すと，写真9-2のように内部構造を見ることができます．ロータには強力なマグネットが組み込まれています．ロータ鉄心とステータ鉄心の間には強い吸引力が働いており，簡単に引き抜くことはできません．無理に引き抜こうとすると，ロータとステータ間の空隙(くうげき)は一般に50μm程度と小さいので，傷が付いてしまったり，ごみが入ってしまったりします．

分解したモータは，再度組み立てても元の特性はもう得られません．ちなみにメーカでは，モータを組み立てた後にロータ・マグネットの磁化を行っています．

▶ロータ

写真9-3にロータの外観を示します．外周に小さな歯を設けた2個の鉄心が軸方向に少しすき間を空

けて配置されています．大きなトルクのモータでは，この組み合わせを軸方向に2組または3組連結した構造を採用しています（**写真9-3左**）．

　2個の鉄心のすき間には，軸方向にNS極に着磁された円板状の強力な磁石が入っており，一方の鉄心すべてがN極，他方の鉄心すべてがS極となっています．

　外周の歯の数は50個（歯のピッチは360/50 = 7.2°）で，N極側とS極側の小歯は互いに半ピッチ（一方が山のとき他方は谷の関係）ずれています．N極の50極とS極の50極合わせて100極のマグネット・ロータとして働きます．

　小歯の数は50個が標準的です．高分解能タイプのモータでは，100個（ピッチは3.6°）のものも使われています．

▶ステータ

　ステータには，コイルが巻かれた極（極歯，巻き線極，主磁極，主極などの呼び名がある．以下主極

〈写真9-1〉2相HB型ステッピング・モータの外観

〈写真9-2〉8主極2相（A，B相）モータの構造

〈写真9-3〉HB型ステッピング・モータのロータ

と呼ぶ)が45°の等間隔で8個あり，主極の先端にはロータとほぼ同じ7.2°のピッチで6個の小歯が設けられています．小歯の数が多いほうがトルクの発生には有利です．モータの大きさによって4～6個の小歯が用いられています．

主極には，上下左右の90°ピッチの4極がA相，その間の斜め方向の4極がB相となるように，2相巻き線が施されています．各相の対向する極が同極，90°位置の極が異極になるので，ステータ全体の主極の相の順番は，

$$A \rightarrow B \rightarrow \overline{A} \rightarrow \overline{B} \rightarrow A \rightarrow B \rightarrow \overline{A} \rightarrow \overline{B}$$

となります．

主極間の角度45°と，小歯のピッチ7.2°の関係は，

$$45 = 7.2 \times 6 + 1.8 = 7.2 \times \left(6 + \frac{1}{4} \right) \quad\text{(9-1)}$$

となるので，隣接主極間では1/4ピッチ(電気角では90°，機械角では1.8°)の位相差です[2]．

▶動作原理

HB型ステッピング・モータのステータとロータ間の磁界の働きは，3次元構造のため理解しにくいので，ここでは2次元の平面に展開して考えます．

ステータの主極とロータの小歯の位置関係を平面に展開すると，図9-1のようになります．この図では，主極の小歯の数を5個としています．ロータのN極側の小歯とS極側の小歯は，間にマグネットを挟んで上下に図示されています．そのため，それぞれに対向する主極は上下に分けて図示されていますが，実際には上下の主極は一体です．

図9-1(a)は，A相を励磁してA相主極がS極に，$\overline{A}$相主極がN極に磁化されたとき，ロータのN極側の小歯がA相主極のS極に吸引され，ロータのS極側の小歯が$\overline{A}$相主極のN極に吸引されて停止している状態を示しています．このときB相と$\overline{B}$相の部分では小歯は互いに1/4ピッチずれた状態です．

次にA相励磁からB相励磁に切り替えると，今度はB相主極がS極に，$\overline{B}$相主極がN極に磁化されるので，ロータのN極側の小歯がB相主極のS極に吸引され，ロータのS極側の小歯が$\overline{B}$相主極のN極に吸引されます．そのため，ロータは図の右方向に1/4ピッチ(角度で1.8°)移動して，図9-1(b)の位置で停止します．

次は，A相に逆方向の電流を流すと，$\overline{A}$相がS極に，A相がN極に磁化されることになるので，ロータはさらに右方向に1/4ピッチ移動して停止します．

このように励磁相を，

$$A \rightarrow B \rightarrow \overline{A} \rightarrow \overline{B} \rightarrow A \cdots$$

と順次切り替えることによって，モータをステップ角1.8°で，連続的に回転させることができます．

▶基本ステップ角

励磁相を1相ずつ切り替えてステップ動作させたときのステップ角 θ_s を基本ステップ角と呼び，次式で表すことができます．

$$\theta_s = \frac{180}{mZ_r} = \frac{360}{2mZ_r} \quad\text{(9-2)}$$

ただし，m：ステータの巻き線相数，Z_r：ロータの小歯の数

▶結線方式

2相モータの結線方式は，図9-2に示すように2種類あります．

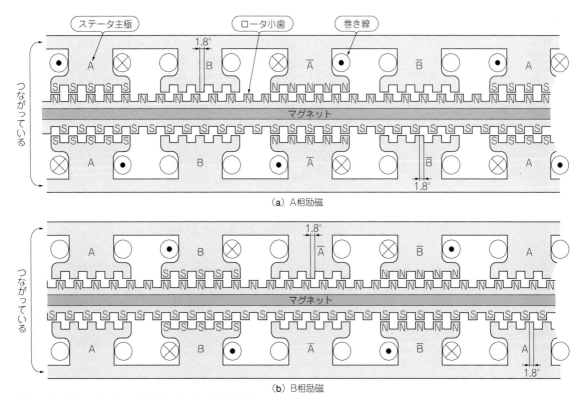

〈図9-1〉2相HB型ステッピング・モータの動作原理
A→B→$\overline{A}$→$\overline{B}$→A…と順次切り替えることによって，モータをステップ角1.8°で連続的に回転させることができる

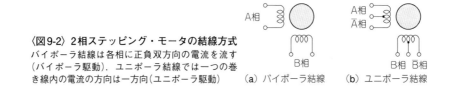

〈図9-2〉2相ステッピング・モータの結線方式
バイポーラ結線は各相に正負双方向の電流を流す（バイポーラ駆動），ユニポーラ結線では一つの巻き線内の電流の方向は一方向（ユニポーラ駆動）

(a) バイポーラ結線　　(b) ユニポーラ結線

　図9-2(a)は，A，B相の巻き線をそのまま取り出す方式で（バイポーラ結線），各相に正負双方向の電流を流すためには，トランジスタ4個のフル・ブリッジ回路が2組必要になります．この方式をバイポーラ駆動と呼びます．

　図9-2(b)は，A，B相の巻き線を正の電流用と負の電流用の専用の巻き線に分け，一つの巻き線内の電流方向を一方向に固定した方式です（ユニポーラ結線）．

　各相にまったく同じ機能の巻き線が2組必要になるので，2本の電線を同時に巻き込むバイファイラ巻きという方法で作ります．リード線の本数も2本増えて6本になりますが，4個のトランジスタで駆動できるメリットがあります．この方式をユニポーラ駆動と呼びます．

● 3相HB型

　3相HB型ステッピング・モータの外観形状は，**写真9-1**の2相モータとほとんど同じです．

　基本ステップ角が1.2°で，フレーム・サイズが□42あるいは□56のものが代表的ですが，このほかに□35，□50や□60，あるいはφ86など多くの種類があります．

　基本ステップ角は1.2°の半分の0.6°と小さな角度のものや，逆に3.75°と大きな角度のものもあります[2]．

　基本ステップ角の式(9-2)から，ロータの小歯の数を変えずに相数を増やすと基本ステップ角を小さくできます．例えば相数を3にすると基本ステップ角は1.2°です．

　基本ステップ角が1.2°の3相ステッピング・モータの内部構造の一例を**写真9-4**に示します．

▶ロータ

　ロータの小歯の数は，2相と同じ50個です．

▶ステータ

　ステータには，主極が30°の等間隔で12個あり，主極の先端にはロータとほぼ同じ7.2°のピッチで，**写真9-4**では4個の小歯が設けられています．

　主極には，上下左右の90°ピッチの4極がU相，その間の30°間隔の斜め方向の4極がV相とW相になるように3相巻き線が施されています．各相の対向する極が同極，90°位置の極が異極なので，ステータ全体の主極の相の順番は，

$$U \rightarrow V \rightarrow W \rightarrow \overline{U} \rightarrow \overline{V} \rightarrow \overline{W} \rightarrow U \rightarrow V \rightarrow W \rightarrow \overline{U} \rightarrow \overline{V} \rightarrow \overline{W}$$

となります．

　主極間の角度30°と，小歯のピッチ7.2°の関係は，

$$30 = 7.2 \times 4 + 1.2 = 7.2 \times \left(4 + \frac{1}{6}\right) \quad\quad\quad\quad\quad\quad (9\text{-}3)$$

となるので，隣接主極間では1/6ピッチ（電気角では60°，機械角では1.2°）の位相差です．

〈写真9-4〉12主極3相(U，V，W相)モータの構造

▶動作原理

　3相モータの動作原理図を**図9-3**に示します．隣接主極間の位相差は，2相の1/4ピッチに対して，3相では1/6ピッチ（角度で1.2°）と小さくなっています．

　図9-3は，U相を励磁してU相主極がS極に，$\overline{\text{U}}$相主極がN極に磁化されたとき，ロータのN極側の小歯がU相主極のS極に吸引され，ロータのS極側の小歯が$\overline{\text{U}}$相主極のN極に吸引されて停止している

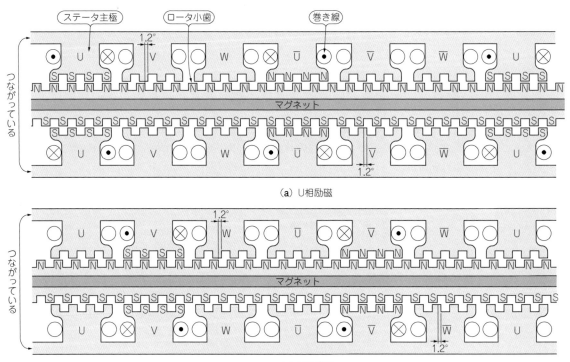

(a) U相励磁

(b) V相励磁

〈図9-3〉3相HB型ステッピング・モータの動作原理
U→V→W→$\overline{\text{U}}$→$\overline{\text{V}}$→$\overline{\text{W}}$→U…と切り替えることによって，モータをステップ角1.2°で連続的に回転させることができる

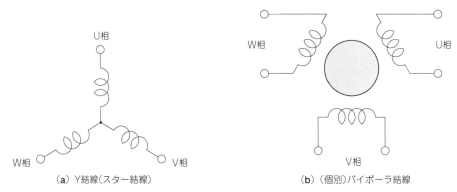

（a）Y結線（スター結線）　　　　　　　　（b）（個別）バイポーラ結線

〈図9-4〉3相ステッピング・モータの結線方式
Y結線はトランジスタ6個の3相ブリッジ回路で駆動できるが2相励磁しかできない

状態を示しています．このときV相とV̄相の部分では小歯は互いに1/6ピッチ，W相とW̄相の部分では2×1/6ピッチずれた状態になっています．

　したがって，2相の場合と同様に，U相励磁からV相励磁に切り替えると，ロータは図の右方向に1/6ピッチ（角度で1.2°）移動して，**図9-3(b)**の位置で停止します．

　このように順次励磁相を，

　　　U→V→W→Ū→V̄→W̄→U…

と切り替えることによって，モータをステップ角1.2°で，連続的に回転させることができます．

▶結線方式

　図9-4(a)のように，U，V，Wの3相巻き線をY結線（スター結線）にして，3本のリード線で取り出すのが標準的な結線で，トランジスタ6個の3相ブリッジ回路で駆動できます．

　しかし，こうすると2相励磁しかできません．各相の電流をそれぞれ個別に制御したい場合は，**図9-4(b)**のように各相を別々に6本のリード線で取り出すこともありますが，駆動にはフル・ブリッジ回路が3組必要です．

● 5相HB型

　5相HB型ステッピング・モータの外観形状も，**写真9-1**の2相モータとほとんど同じです．

　基本ステップ角が0.72°で，フレーム・サイズが□42あるいは□60のものが代表的ですが，このほかに20，28，39，50，60，85，86，106と多くの種類があります[3][4]．

　5相ステッピング・モータの内部構造の一例を**写真9-5**に示します．

　このモータのロータの小歯の数は，これまでに説明した2相や3相と同じ50個です．

　基本ステップ角の式(9-2)で，相数を5にすると基本ステップ角は0.72°です．相数を5にするため，ステータにはコイルが巻かれた主極を10個設けます．主極の先端にはロータとほぼ同じ7.2°のピッチ

（a）製品A（提供オリエンタルモーター）

（b）製品B（提供山洋電気）

〈**写真9-5**〉10主極5相（A，B，C，D，E相）モータの構造

で小歯が設けられています．**写真9-5(a)**では4個です．

　主極の上下の180°ピッチで対向する2極をA相とすると，B相はA相から72°の位置にある対向ペアとなり，以下72°ピッチでC相，D相，E相となるように5相巻き線が施されています．したがって，ステータ全体での36°ピッチで見た主極の順番は，

$$A→D→B→E→C→A→D→B→E→C$$

となります．

　写真9-5で，10個の主極は一見等間隔で配置されているように見えますが，もしも36°の等間隔とすると，小歯のピッチ7.2°との関係は，

$$36 = 7.2×5 = 7.2×(5+0) \cdots\cdots\cdots\cdots\cdots\cdots\cdots\cdots\cdots\cdots\cdots\cdots\cdots\cdots (9\text{-}4)$$

となるので，2相や3相の場合のように，隣接主極間に位相差を持たせることができなくなります．つまり，すべての主極が同相になってしまい，モータとして回転させることができません．

　そこで5相モータでは，隣接主極間に0.72°の位相差を持たせるように，主極間の角度を微妙にずらしてあります．**写真9-5**をよく見ると，10個の主極は等間隔に配置されていません．この主極のずらし方は，**写真9-5(a)**，**(b)**のようにメーカによって少し異なり，かつその内容もあまり公表されていません．

▶動作原理

　ここでは参考資料[4]の解説に基づいて，動作原理を説明します．ただし，主極の相順の呼び方は，

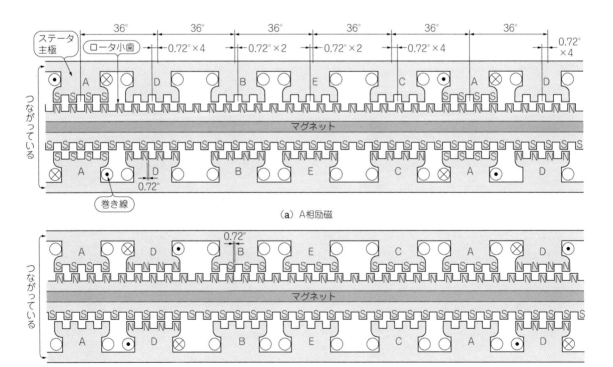

（a）A相励磁

（b）D̄相励磁

〈図9-5〉5相HB型ステッピング・モータの動作原理
A→D̄→B→Ē→C→Ā→D→B̄→E→C̄…と切り替えることによって，モータをステップ角0.72°で連続的に回転させることができる

〈図9-6〉5相ステッピング・モータの結線方式
ペンタゴン結線ではハーフ・ブリッジ5個，すなわち
10個のトランジスタで駆動できる

（a）スタンダード結線 　　（b）ペンタゴン結線

説明の統一上変更しています．
　2相および3相モータと同様に，5相モータの動作原理図を作成すると，**図9-5**のようになります．
　図9-5（a）は，A相を励磁して対向するA相主極がS極に磁化されたとき，ロータのN極側の小歯がA相主極のS極に吸引され，ロータのS極側の小歯がA相主極のS極と反発した状態で釣り合って停止している状態を示しています．
　2相や3相モータにあった異極が無いので，閉磁路が形成されないように思われますが，他の相にまたがって閉磁路を形成する相間磁路方式になっているものと考えられます[5]．
　このとき励磁されていないD相の小歯は，ロータのS極側の小歯に対して1/10ピッチ（角度で0.72°）ずれています．
　次に，A相励磁から$\overline{\mathrm{D}}$相励磁に切り替えるときは，D相主極をN極に磁化すると，ロータのS極側の小歯が吸引され，ロータは図の右方向に1/10ピッチ（角度で0.72°）移動して，**図9-5（b）**の位置で停止します．このときには，今度はB相主極がロータのN極側の小歯に対して1/10ピッチ（0.72°）の位置に来るので，次のB相励磁ではB相主極をS極になるように励磁すれば，回転を続けることができます．
　このように励磁相を，
　　A→$\overline{\mathrm{D}}$→B→$\overline{\mathrm{E}}$→C→$\overline{\mathrm{A}}$→D→$\overline{\mathrm{B}}$→E→$\overline{\mathrm{C}}$…
と順次切り替えることによって，モータをステップ角0.72°で，連続的に回転させることができます．
▶結線方式
　すべての駆動方法に対応できるように，**図9-6（a）**のように5相の巻き線を別々に10本のリード線で取り出す方式をスタンダード結線と呼びます．このまま各相をバイポーラ駆動すると，フル・ブリッジが5個，つまりトランジスタが20個必要です．
　図9-6（b）のように5相の巻き線を環状に結線して，5本のリードで取り出す方法をペンタゴン結線と呼び，この場合はハーフ・ブリッジ5個，すなわち10個のトランジスタで駆動できます．

● バーニヤ固定子小歯構造[5]
　ステータの主極先端の小歯のピッチや形状は，ロータの小歯とほぼ同じであることにして説明してきました．
　実際には，ステータ主極の小歯のピッチや形状を微小に変化させると，ディテント・トルク（後述）を低減させる効果があります．目視ではほとんどわかりませんが，バーニヤ方式と呼ばれ，多くのモータに採用されています．各メーカがそれぞれ工夫を凝らした方法のため，内容は一般に公表されていません．
　ロータとステータの小歯のピッチをわずかにずらすと，その部分を通る磁束が減少するのでトルクのピーク値は減少しますが，その程度は数％程度なので，むしろ振動や騒音の低減効果の方を優先してい

るようです.

9-2 基本特性

ステッピング・モータの特性は，静特性と動特性に分けられます.
静特性：モータが静止しているときの角度変化に対する特性.位置精度に関係する.
動特性：モータの起動時や回転時の特性.応答特性に関係し，駆動方式によって変わる.

● 静特性

▶角度トルク特性(θ-T特性)

モータを定電流(定格電流)で励磁した状態で，外部からモータの出力軸にトルクを加えて角変位を与えたときの，角変位θとトルクTの関係を角度トルク特性あるいはθ-T特性と呼びます(**図9-7**).
このとき発生する最大トルクを最大静止トルク(ホールディング・トルク)と呼びます.
基本的には1相励磁で測定しますが，必要に応じて2相励磁時などの特性を測定することもあります.
駆動回路を用いず測定できる項目で，モータ本体の持つ基本特性です.

▶ディテント・トルク(コギング・トルク)

無通電状態で，モータ軸を外部から回したときに発生するトルクの最大値を，ステッピング・モータではディテント・トルク(無励磁保持トルク)と呼びます.ブラシレスDCモータのコギング・トルクと同じものですが，ステッピング・モータでは，このトルクを無通電時にロータが動くのを抑えるために積極的に利用した時代があり，一般にディテント・トルクと呼んでいます.
最近では，位置精度の向上や，振動/騒音の低減のため，前節で説明したバーニヤ方式の小歯を採用してこのトルクを小さくすることが主流です.

▶角度精度

ステッピング・モータの最大の特徴は，ステップ状に回転と停止ができる機能で，その停止位置は所定のステップ角度で正確に静止できることが理想です.
しかし，製造時の機械的寸法精度などから，実際の静止位置と理論上の停止位置に誤差が発生します.

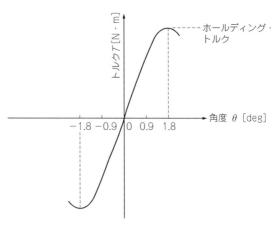

〈図9-7〉 ステッピング・モータの角度-トルク特性(θ-T特性，ロータの小歯数50個の場合)
最大トルクを最大静止トルク(ホールディング・トルク)と呼ぶ

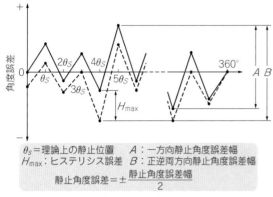

θ_S＝理論上の静止位置　A：一方向静止角度誤差幅
H_{max}：ヒステリシス誤差　B：正逆両方向静止角度誤差幅

$$静止角度誤差＝±\frac{静止角度誤差幅}{2}$$

〈図9-8〉ステッピング・モータの静止角度誤差
ステッピング・モータの角度精度は標準的な基本ステップ角に対して±5%程度が一般的な値である

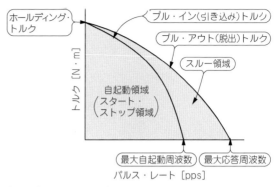

〈図9-9〉ステッピング・モータの速度トルク特性
自起動領域は起動して同期に引き込める領域．スルー領域は脱調しないで回転できる領域

　この回転角度の正確さを表すのが角度精度で，次の静止角度誤差が一般的ですが，少し算定方法の異なるステップ角度誤差という表現方法もあります．
① 静止角度誤差（ポジション精度）
　任意の静止点を原点にモータを1回転（機械角360°）ステップ動作させ，1ステップごとに理論上の静止位置と実際の静止位置との差を図9-8に示すように求めます．そして，プラス側とマイナス側の最大値から静止角度誤差の幅を求め，その値の1/2を使って静止角度誤差±○○°と表します．さらに，この値を基本ステップ角に対する割合に変えて±□□%と表示したものをポジション精度と呼んでいます．
② ステップ角度誤差（隣接角度誤差）
　静止角度誤差の測定と同様に，1ステップごとのステップ角度と理論上のステップ角度との差を測定し，1回転中のプラス側とマイナス側のそれぞれの最大角度差で表したものをステップ角度誤差（または隣接角度誤差）と呼びます．
③ ヒステリシス誤差
　モータを正回転させたときの静止角度と，逆回転させたときの静止角度には図9-8のようにずれを生じ，このずれの最大値をヒステリシス誤差と呼びます．
　ステッピング・モータの角度精度は，標準的な基本ステップ角に対して±5%程度が一般的な値です．基本ステップ角を半分にした高分解能型では，機械的寸法精度の兼ね合いから，この値は2倍の±10%程度となります．

● 動特性
　駆動回路（ドライバ）でモータを駆動したときの特性で，駆動回路によって特性が大きく変わるため，駆動条件を明確にしておく必要があります．
　代表的な特性は，一般のモータのトルク-回転速度特性（T-N特性）に相当する速度トルク特性（パルス周波数トルク特性）と，起動時の過渡応答を示すステップ応答特性があります．

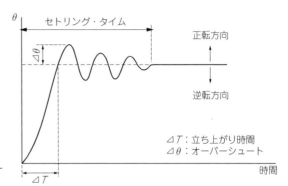

〈図9-10〉ステッピング・モータのステップ応答特性
慣性モーメントの影響で，ロータはオーバーシュート，アンダー
シュートを繰り返す

① 速度トルク特性

　ステッピング・モータは回転速度が駆動パルス周波数で決まるので，パルス周波数-トルク特性とも
呼びます．

　DCモータの速度-トルク特性に相当するものですが，DCモータではトルクを横軸に，回転速度を縦
軸にするのに対して，ステッピング・モータは横軸をパルス周波数(回転速度)，縦軸をトルクにするの
が一般的で，**図9-9**のようになります．自起動領域は，この範囲の周波数とトルクなら起動して同期に
引き込める領域です．スルー領域は，自起動領域から周波数またはトルクを上げたときに，そのまま脱
調しないで回転できる領域です．スルー領域の上限が最大応答周波数です．

　これらの特性は，駆動回路の方式や負荷の慣性モーメントによって大幅に変化します．

② ステップ応答特性

　図9-10に示すように，ステッピング・モータに入力パルスを与えると，ステップ状の応答特性を示
します．目標平衡点に向かって回転して目標点に達すると，ロータの慣性モーメントのため行き過ぎ，
オーバーシュートやアンダーシュートを繰り返して，セトリング・タイムを経過後平衡点に至ります．

　このため，ステッピング・モータは振動や騒音を発生しやすく，連続的なパルス入力に対しては，ロ
ータの回転は入力パルスに対して進んだり遅れたりしながら回転します．入力信号に追従できなくなる
と，脱調する場合もあります．

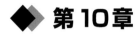

第10章

2相，3相，5相モータの励磁方式の詳細

ステッピング・モータの動かし方

　第9章では，ステッピング・モータの構造から動作原理を説明しました．ここでは，誘導起電力から
モータの動作を考えます．

　ステッピング・モータは，決められたパターンでステータ巻き線のそれぞれの相に順次電流を流す必
要があり，その方法を励磁方式と呼びます．

　励磁方式にはいくつかの方式があり，これを理解することが駆動回路を設計するための第一歩です．
本章ではこの励磁方式を，2相，3相，5相の各モータを整理します．

10-1　2相ステッピング・モータ

● 誘導起電力波形と θ-T 特性

　HB型ステッピング・モータはロータにマグネット（永久磁石）が組み込まれており，そのマグネット
の磁束はステータ部に流れ込み，各相の巻き線に鎖交しています．従って，ロータを外部から回すと，
巻き線の鎖交磁束が時間的に変化するので，巻き線に誘導起電力が発生します．

　図10-1は2相ステッピング・モータの誘導起電力を測定した結果の一例で，A相とB相の電圧が90°
の位相差で発生していることが確認できます．ロータの小歯の数が50個のとき，N極とS極がそれぞれ
50極あり，全体で100極の働きをしているので，この正弦波状の誘導起電力はロータの1回転につき50
サイクル発生します．

　この誘導起電力波形から誘導起電力定数K_E[V/(rad/s)]を求めると，第4章で説明したように，こ
の値はトルク定数K_T[N・m/A]に相当します．つまり，この誘導起電力波形は，巻き線に1Aの電流
を流したときのモータの発生トルクを表しています．

　従って，1相（例えばA相）に定電流を流したときの，ロータの回転角度と発生トルクの関係は**図10-2**
のとおりです．実際にはディテント・トルク（コギング・トルク）の影響分だけトルク波形はひずみます．

　ここで，正のトルクを反転方向のトルク，負のトルクを正転方向のトルクと考えると，トルクが負
から正に変わる位置でロータは停止します．この位置を安定点と呼びます．トルクが正から負に変わる位
置は不安定点で，ロータはこの位置に止まることはできず，どちらかの安定点に向かって回転して停止
します．

　安定点近傍の回転角度とトルクの関係は，第9章で説明した θ-T 特性そのものです．

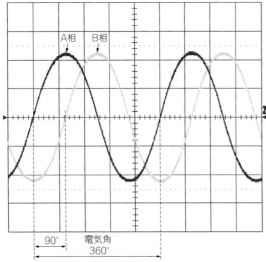

〈図10-1〉2相モータの誘導起電力波形(2V/div., 0.2ms/div.)

A相とB相の電圧が90°の位相差で発生していることが確認できる

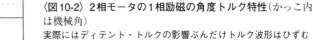

〈図10-2〉2相モータの1相励磁の角度トルク特性(かっこ内は機械角)

実際にはディテント・トルクの影響ぶんだけトルク波形はひずむ

● 2相モータの励磁方式と1相励磁

　以上から，2相モータをA相励磁，B相励磁，$\overline{A}$相励磁(A相励磁と逆方向の電流を流したとき)，$\overline{B}$相励磁(B相励磁と逆方向の電流を流したとき)の順に励磁すると，トルク波形は**図10-3**のようになります.

　すなわち，各々の励磁に対するトルク波形は，電気角で90°(機械角では1.8°)間隔で空間的に分布しており，

　　　　A→B→$\overline{A}$→$\overline{B}$→…

のように励磁相を切り替えると，それぞれの励磁相の安定点に向かって機械角1.8°間隔で歩進動作させることができます. このように1相ずつ励磁する方法を1相励磁方式と呼びます. この励磁パターンをシーケンス図で表すと**図10-4(a)**になります.

● トルク・ベクトル図と2相/1-2相励磁方式

　ステッピング・モータの励磁相とロータの回転角度を説明するのに，トルク・ベクトル図という方法があります[(1)]. 電気角の360°を平面上に示し，トルクの大きさと角度をベクトルで表現します. 電気角360°はロータ小歯のピッチ，ここでは機械角7.2°に相当します.

　A相を励磁したときのAベクトルの角度を0°として，Aベクトルの長さをトルクの大きさで表すと，B相励磁のBベクトルは角度が電気角で90°(機械角では1.8°)の位置となり，以下$\overline{A}$ベクトル，$\overline{B}$ベクトルは**図10-5(a)**のように表すことができます.

▶2相励磁方式

　次にA相とB相を同時に励磁したらどうなるか考えると，トルク・ベクトル図からAベクトルとBベクトルの和としてABベクトルが求まります. ベクトルの長さはA(またはB)ベクトルの$\sqrt{2}$倍で，角

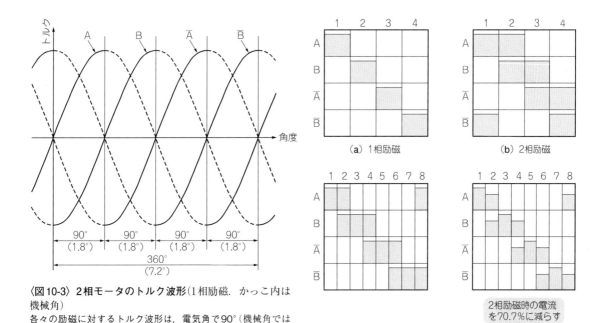

〈図10-3〉2相モータのトルク波形(1相励磁. かっこ内は機械角)

各々の励磁に対するトルク波形は，電気角で90°(機械角では1.8°)間隔

〈図10-4〉2相モータの励磁シーケンス

度はAベクトルから電気角で45°(機械角では0.9°)遅れた位置です．したがって，励磁シーケンスを，

AB→B$\overline{A}$→$\overline{AB}$→$\overline{B}$A→…

のように，2相ずつ励磁(2相励磁方式と呼ぶ)したときのトルク・ベクトル図は，**図10-5(b)**のようになります．1相励磁と比較すると，ステップ角は同じ1.8°で，トルクは$\sqrt{2}$倍と大きくなります．

2相励磁の励磁シーケンスは**図10-4(b)**のようになります．

▶1-2相励磁方式(ハーフ・ステップ駆動)

1相励磁と2相励磁では電気角で45°(機械角で0.9°)の位相差があることを利用して，励磁シーケンスを，

A→AB→B→B$\overline{A}$→$\overline{A}$→…

のように，1相励磁と2相励磁を交互に繰り返します．すると，トルク・ベクトル図は**図10-5(c)**のようになり，基本ステップ角の半分の角度でステップ動作させられます．この励磁方式を1-2相励磁方式と呼び，ステップ角が半分になることから，ハーフ・ステップ駆動とも呼ばれます．ハーフ・ステップ駆動に対比して，1相励磁や2相励磁のときは，ステップ角が基本ステップ角なのでフル・ステップ駆動と呼びます．

1-2相励磁の励磁シーケンスは**図10-4(c)**のようになります．

▶1-2相励磁のトルク・リプルを減らす

1-2相励磁を上記のように一定の励磁電流で行うと，1相励磁のときのトルクと2相励磁のときのトルクが1:$\sqrt{2}$と変化するので，トルク・リプルが発生し，振動・騒音の原因になります．

そこで，**図10-4(d)**に示すように，2相励磁のときには励磁電流を1/$\sqrt{2}$に減らすと，トルク・ベクト

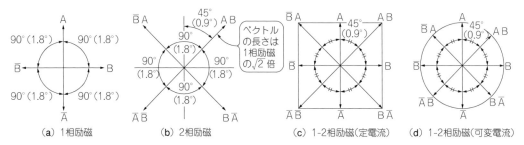

〈図10-5〉2相モータのトルク・ベクトル図（かっこ内は機械角）
トルク・ベクトル図とは，ロータの小歯のピッチを電気角360°で表した平面上に，トルクの大きさと角度をベクトルで表現した図

ルの長さは，

$$\sqrt{\left(\frac{1}{\sqrt{2}}\right)^2 + \left(\frac{1}{\sqrt{2}}\right)^2} = \sqrt{\frac{1}{2} + \frac{1}{2}} = 1 \cdots\cdots (10\text{-}1)$$

となり，トルク・ベクトル図は図10-5(d)のように円形になって，トルク・リプルのない駆動ができます．ただし，励磁電流を$1:1/\sqrt{2}$にするための電流制御回路が必要になるので駆動回路は複雑になります．

10-2　3相ステッピング・モータ

● 誘導起電力波形と θ-T特性

　2相モータと同様に，ロータを外部から回して巻き線に発生する誘導起電力を測定してみます．

　3相モータはY結線（スター結線）が一般的で，センタ・タップは引き出されていないので，各相の誘導起電力を簡単には測定できません．仮想中点方式（p.168のコラム参照）で測定するか，Y結線の線間電圧を測定して計算で求める必要があります．ここでは，各相の巻き線を6本のリード線で個別に引き出したモータが手元にあったので，それで測定した結果を図10-6に示します．3相のU相，V相，W相の電圧が120°の位相差で発生していることが確認できます．

　このときのモータの主極の相配列は写真10-1のようになると考えます．なお，トルク・ベクトル図や多相励磁との説明の統一の都合上，第9章で構造と動作原理を説明したときの，写真9-4や図9-3とは相の呼び方を変えてあるので注意してください．

　この誘導起電力波形から，トルク発生のようすを考えると，U，V，W相励磁と，それぞれの相を逆方向に励磁した$\overline{\text{U}}$，$\overline{\text{V}}$，$\overline{\text{W}}$相励磁を組み合わせて，図10-7のように3相モータのトルク波形を求めることができます．すなわち，各々の励磁に対するトルク波形は，電気角で60°（機械角では1.2°）間隔で空間的に分布しており，

$$\text{U} \rightarrow \overline{\text{W}} \rightarrow \text{V} \rightarrow \overline{\text{U}} \rightarrow \text{W} \rightarrow \overline{\text{V}} \rightarrow \cdots$$

のように，励磁相を切り替えると，それぞれの励磁相の安定点に向かって機械角1.2°間隔で歩進動作させられます．

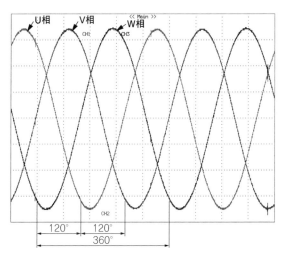

〈図10-6〉3相モータの誘導起電力波形(10V/div., 50ms/div.)
各相の巻き線を6本のリード線で個別に引き出した3相モータで測定

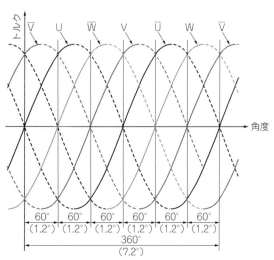

〈図10-7〉3相モータのトルク波形(1相励磁. かっこ内は機械角)

〈写真10-1〉3相ステッピングモータの主極の相配列
説明の都合上，第9章で構造と動作原理を説明したときの写真，図とは相の呼び方を変えてあるので注意

● 3相モータの励磁方式

　上記の結果から，3相モータのトルク・ベクトル図を作成すると**図10-8(a)**のようになります.

　U相を励磁したときのUベクトルの角度を0°とすると，VベクトルとWベクトルが互いに電気角で120°(機械角では2.4°)の位置となり，その中間に$\overline{U}$，$\overline{V}$，$\overline{W}$ベクトルが入るので，各ベクトルは電気角で60°(機械角では1.2°)の間隔です.

　3相モータは，6個のトランジスタによる3相インバータで駆動できることが特徴なので，Y結線(ス

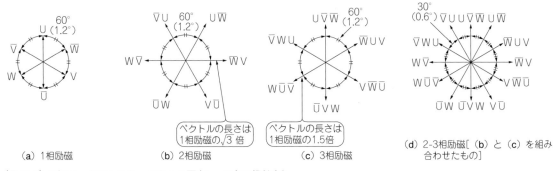

（a）1相励磁 （b）2相励磁 （c）3相励磁 （d）2-3相励磁［（b）と（c）を組み合わせたもの］

ベクトルの長さは
1相励磁の$\sqrt{3}$倍

ベクトルの長さは
1相励磁の1.5倍

〈図10-8〉3相モータのトルク・ベクトル図（かっこ内は機械角）

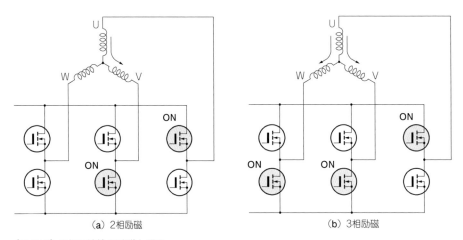

（a）2相励磁 （b）3相励磁

〈図10-9〉3相Y結線の励磁と駆動

ター結線）で使用するのが標準的です．このときの励磁方式は，必然的に**図10-9（a）**の2相励磁や**（b）**の3相励磁となります．

▶2相励磁方式

U相と$\overline{W}$相を同時に励磁すると，トルク・ベクトル図からUベクトルと$\overline{W}$ベクトルの和として$U\overline{W}$ベクトルが求まります．ベクトルの長さは$\sqrt{3}$倍で，角度はUベクトルから電気角で30°遅れた位置となります．したがって，励磁シーケンスを，

$$U\overline{W} \rightarrow V\overline{W} \rightarrow V\overline{U} \rightarrow W\overline{U} \rightarrow W\overline{V} \rightarrow U\overline{V} \rightarrow \cdots$$

と，2相ずつ励磁したときのトルク・ベクトル図は，**図10-8（b）**のようになり，1相励磁と比較するとステップ角は同じ1.2°で，トルクは$\sqrt{3}$倍と大きくなります．

▶3相励磁方式

図10-9（b）のように，一つの相から二つの相に電流が流れ出すモードと，逆に一つの相に二つの相から電流が流れ込むモードを考え，

$$U\overline{V}\overline{W} \rightarrow \overline{W}UV \rightarrow \overline{V}W\overline{U} \rightarrow \overline{U}VW \rightarrow W\overline{U}\overline{V} \rightarrow \overline{V}WU \rightarrow \cdots$$

と，3相ずつ励磁する方式を3相励磁方式と呼びます．トルク・ベクトル図は**図10-8（c）**のようになり，1相励磁と比較すると，角度は同じ位置でステップ角も同じ1.2°で，ベクトルの長さは1.5倍となります．

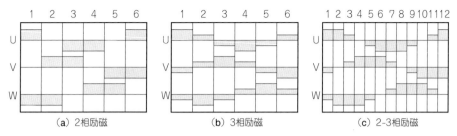

〈図10-10〉3相モータの励磁シーケンス

▶2-3相励磁方式

2相励磁と3相励磁では，電気角で30°（機械角では0.6°）の位相差があるので，2相励磁と3相励磁を交互に繰り返すようにすると，トルク・ベクトル図は**図10-8(d)**のようになり，基本ステップの半分の角度0.6°で動作させることができます．この励磁方式を2-3相励磁方式と呼びます．

3相モータは，フル・ステップ駆動では2相励磁が，ハーフ・ステップ駆動では2-3相励磁が主に用いられています．それぞれの励磁シーケンスを，**図10-10**に示します．

10-3 5相ステッピング・モータ

● 誘導起電力波形と θ-T特性

5相モータの誘導起電力を測定するには，各相の巻き線を，**図10-11**のように10本のリード線で個別に引き出したスタンダード結線のモータが適しています．

図10-12は誘導起電力の測定結果の一例で，A相，B相，C相，D相，E相の電圧が72°の位相差で発生していることが確認できます．

この誘導起電力波形から，トルク発生のようすを考えると，A，B，C，D，E相励磁と，それぞれの相を逆方向に励磁した$\overline{A}$，$\overline{B}$，$\overline{C}$，$\overline{D}$，$\overline{E}$相励磁を組み合わせて，**図10-13**のように5相モータのトルク波形を求めることができます．すなわち，各々の励磁に対するトルク波形は，電気角36°（機械角では0.72°）間隔で空間的に分布しており，

$$A \rightarrow \overline{D} \rightarrow B \rightarrow \overline{E} \rightarrow C \rightarrow \overline{A} \rightarrow D \rightarrow \overline{B} \rightarrow E \rightarrow \overline{C} \rightarrow \cdots$$

のように，励磁相を切り替えると，それぞれの励磁相の安定点に向かって機械角0.72°間隔で歩進動作させることができます．

● 5相モータの励磁方式

▶1相励磁方式

上記の結果から，5相モータのトルク・ベクトル図を作成すると**図10-14**のようになります．すなわち，A相を励磁したときのAベクトルの角度を0とすると，B，C，D，Eベクトルが互いに電気角で72°（機械角では1.44°）の位置になり，その中間に$\overline{A}$，$\overline{B}$，$\overline{C}$，$\overline{D}$，$\overline{E}$ベクトルが配置されるので，各ベクトルは互いに電気角で36°（機械角では0.72°）の間隔です．

▶多相励磁方式

図10-14を基準にして，各相を一定電流で励磁したときの多相励磁のトルク・ベクトル図を，**図**

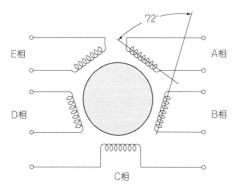

〈図10-11〉5相モータのスタンダード結線

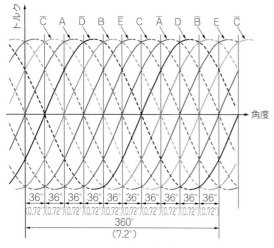

〈図10-13〉5相モータのトルク波形(かっこ内は機械角)

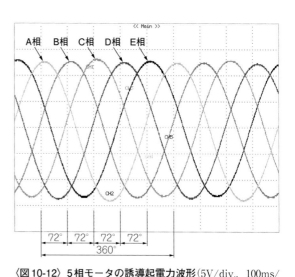

〈図10-12〉5相モータの誘導起電力波形(5V/div., 100ms/div.)
A相, B相, C相, D相, E相の電圧が72°の位相差で発生していることが確認できる

10-15のように作成できます.

　一例として, Aベクトルと$\overline{\text{D}}$ベクトルの合成ベクトルはAベクトルと$\overline{\text{D}}$ベクトルの中間の角度になります. これに$\overline{\text{C}}$ベクトルを加えた合成ベクトルはAベクトルの角度に戻ります. さらにBベクトルを加えると, 合成トルクはまた中間の角度に戻り, これにさらにEベクトルを加えると, また元のAベクトルの角度に戻ります.

　すなわち, 1, 3, 5の奇数相励磁のときは, 1相励磁の磁軸上に静止位置があり, 2, 4の偶数相励磁のときは, 静止位置が1相励磁の中間位置に移ります.

　従って, 5相モータの励磁方式は, 1, 2, 3, 4, 5相励磁のフル・ステップ駆動と, 1-2, 2-3, 3-4, 4-5相励磁のハーフ・ステップ駆動が考えられます[1].

▶実用的な結線方式と励磁方式

　5相モータは, 上記のようにいろいろな励磁方式が考えられるものの, 実用的には駆動回路が簡単に構成できることと, 大きなトルクが発生できることから, 各相を図10-16のように環状(五角形の形状

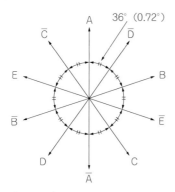

〈図10-14〉5相モータのトルク・ベクトル図(1相励磁. かっこ内は機械角)

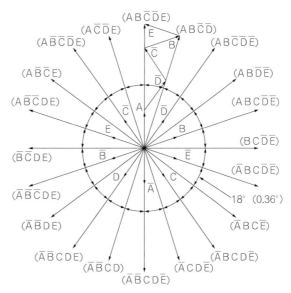

〈図10-15〉5相モータのトルク・ベクトル図(多相励磁)

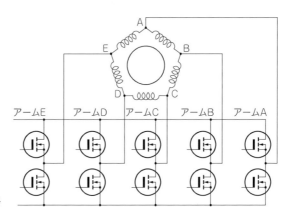

〈図10-16〉
ペンタゴン結線と駆動回路

なのでペンタゴン結線と呼ばれる)に結線して，5個のハーフ・ブリッジ(5相インバータとも呼ぶ)で駆動し，フル・ステップ駆動では4相励磁，ハーフ・ステップ駆動では4-5相励磁とするのが主流になっています．

　ペンタゴン結線の励磁シーケンスは独特のものになり，なかなか説明資料が少なく，なかには理解に苦しむようなものも見られます．ここでは図10-17に4相励磁を，図10-18に4-5相励磁の励磁シーケンスを示します[1][2]．

10-4 滑らかな回転を行うマイクロステップ駆動

　2, 3, 5相モータについて，それぞれハーフ・ステップ駆動ができることを説明しました．

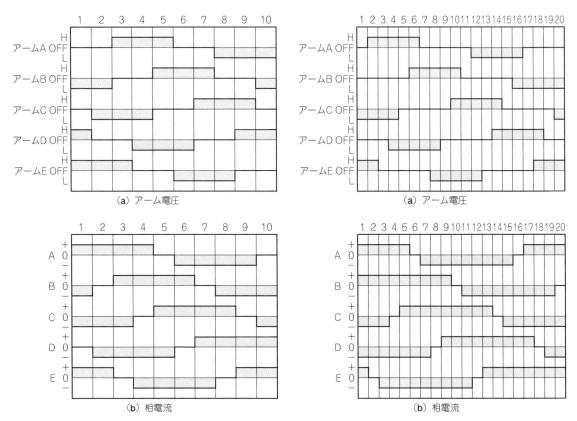

〈図10-17〉5相モータの4相励磁の励磁シーケンス 　〈図10-18〉5相モータの4-5相励磁の励磁シーケンス

　ハーフ・ステップよりさらに小さなステップでモータを静止させたり，より滑らかに動かすこともできます．最近では一般にマイクロステップ駆動と呼ばれる方法です．

　ここでは，もっとも基本的な2相モータを例にして，マイクロステップ駆動のしくみを説明します．

● 2相モータのマイクロステップ駆動

　2相モータの1-2相励磁の項で，1相励磁と2相励磁の発生トルクを同じ値にするときは，2相励磁の電流を1相励磁時の電流の$1/\sqrt{2}$にすることを説明しました．

　この方法を拡張して，2相の合成ベクトルの長さを一定に保ったまま，A，B相の電流の比率を変えるようにすれば，静止点をさらに移動させられます．

　つまり，その条件を満足する電流値の組み合わせを何段階か用意しておき，その値で各相の電流値を制御すれば，ステップ角をさらに細分化できます．

　この考えで，基本ステップ角を順次細分化した励磁方式を一般に**表10-1**のように呼んでいます．この呼び方は2相モータ固有の呼び名であり，最近はこのような電流制御による多分割化を，一般にマイクロステップ駆動と呼びます．

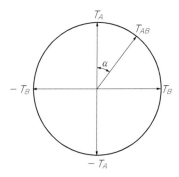

〈図10-19〉マイクロステップのトルク・ベクトル図

〈表10-1〉2相モータのマイクロステップの呼び名と分割数

呼び名	分割数
1-2相励磁 （Half Step）	1/2
W1-2相励磁 （Quarter Step）	1/4
2W1-2相励磁 （Eighth Step）	1/8
4W1-2相励磁 （16th Step）	1/16

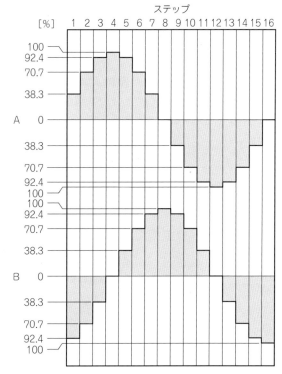

〈図10-20〉ステップ角を4分割したW1-2相励磁（クォータ・ステップ）の励磁シーケンス

● ステップ角の細分化と励磁シーケンス

　理想的なモータの発生トルクは，電気角 θ に対して正弦波状に分布していることであり，トルク定数の最大値を K_T とし，A，B相の励磁電流を I_A，I_B [A]とすると，それぞれの発生トルク T_A，T_B [N・m]は，次式で表すことができます．

$$T_A = K_T \cos\theta \times I_A$$
$$T_B = K_T \sin\theta \times I_B \cdots\cdots (10\text{-}2)$$

ここで，励磁電流を角度に対して正弦波状に流すことにすると，

$$I_A = I\cos\alpha$$
$$I_B = I\sin\alpha \cdots\cdots (10\text{-}3)$$

となるので，合成トルク T_{AB} は

$$T_{AB} = T_A + T_B$$
$$= K_T I(\cos\theta\cos\alpha + \sin\theta\sin\alpha) \cdots\cdots (10\text{-}4)$$
$$= K_T I\cos(\theta - \alpha)$$

となります．従って，

$$\theta - \alpha = 0 \cdots\cdots (10\text{-}5)$$

すなわち，$\theta = \alpha$ で T_{AB} は最大値となり，トルク・ベクトル図で表すとベクトル T_{AB} の最大値の軌跡

は，**図10-19**のように半径を1相励磁の最大トルクとする円になります．

このように，$\theta = \alpha$ の点が静止位置となるので，α を分割した数だけステップ角を細分化できることになります．

ここでは，一例として4分割すなわちW1-2相励磁について，励磁シーケンスを**図10-20**に示します．

マイクロステップの分割数は，**表10-1**の値までが一般的です．用途によってはさらに大きな分割数を採用することもあります．ただし，分割数を大きくしても，角度精度が良くなることはなく，場合によってはかえって悪化することもあります．

分割数を大きくしたときのメリットは，超低速まで滑らかに駆動できることや，振動・騒音の少ない駆動ができることです．

コラム◆3相モータで相ごとの電圧を観測するには

3相モータでは，端子間に現れる電圧は2相の電圧（例えばU相とV相）が合成されたものになります．ここで，3組の端子間電圧をオシロスコープで同時に観測しようとしても，GND端子が共通ではないので，差動プローブなどを用いないと観測することができません．

そこで，**図10-A**のように，外部に仮想中点を設けて，各相の誘導起電力を同時に測定する方法を用います．

この方法は，まず(a)の破線のように，仮想中性線を考えます．すると(b)のように1相ぶんを取り出すことができ，各相の電圧は以下のように単相回路として計算できます．

$$V_u = \frac{R}{R + (R_a + j\omega L_a)} e_u \quad \cdots\cdots\cdots\cdots (10\text{-}A)$$

ここで，R を十分に大きくすれば，式(10-B)のようになります．すなわち，e_u を直接測定できなくても，V_u を測定すれば e_u を求めることができます．

$$V_u = \frac{1}{1 + \dfrac{R_a + j\omega L_a}{R}} e_u \fallingdotseq e_u \quad \cdots\cdots\cdots\cdots (10\text{-}B)$$

対称3相回路では，この中性線に流れる電流は0になるので，実際には中性線を省略することができます．つまり，3本しかリードが引き出されていない3相モータでも，各相の電圧を測定できます．

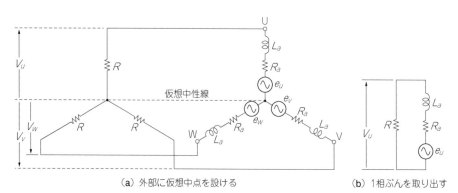

（a）外部に仮想中点を設ける　　　（b）1相ぶんを取り出す

〈図10-A〉仮想中点による**各相の誘導起電力**の測定
各相の電圧は単相回路として計算できる

ステッピング・モータの駆動回路

仕様決めのポイントと具体的な回路例

本章では，ステッピング・モータのドライバ(駆動回路)・モジュールについて，具体的な製品を題材に，回路構成とその動作を解説します．

11-1 駆動回路を決めるためのチェック・ポイント

ドライバの詳細に進む前に，ドライバの仕様を決めるための主なチェック・ポイントを整理します．ここでは，最もポピュラな2相ステッピング・モータ用のドライバについて解説します．

● 駆動方式の選択

2相モータの場合，駆動方式としてユニポーラ駆動とバイポーラ駆動が可能なので，まずどちらを採用するのかを決める必要があります．モータも，それぞれの駆動方式に合わせて専用のものになります．

▶ ユニポーラ駆動

2相モータのA相，$\overline{\text{A}}$相と，B相，$\overline{\text{B}}$相を4個のトランジスタでそれぞれ別々に駆動する方法です．巻き線の電流方向はそれぞれ一方向のみとなるので，ユニポーラ駆動と呼びます．

モータは，A相，$\overline{\text{A}}$相と，B相，$\overline{\text{B}}$相の巻き線を施した6本のリード線を使用したユニポーラ駆動用のものとなります．従って，駆動回路は簡単になりますが，モータの巻き線構造は複雑になります．

▶ バイポーラ駆動

2相モータのA相とB相を，フル・ブリッジ(Hブリッジ)型の回路で駆動する方式です．巻き線の電流方向は双方向となるので，バイポーラ駆動と呼びます．

フル・ブリッジ回路には4個のトランジスタが必要なので，2組では合計で8個($=4\times2$)となり，ユニポーラ駆動に比べ2倍のトランジスタが必要となります．

モータは，A相とB相の巻き線を施した4本のリード線を使用したバイポーラ駆動用のものになります．従って，駆動回路は複雑になりますが，モータの巻き線構造は簡単になります．

● 定電圧駆動か定電流駆動か

▶ 定電圧駆動

スイッチング素子を介して一定の電源電圧をモータに印加する方式を定電圧駆動と呼びます．

モータが回転すると巻き線には誘導起電力(逆起電圧とも呼ばれる)が発生するので，巻き線に加わる有効な電圧が減少し，高速回転になるほどモータに電流は流れにくくなり，モータの発生トルクが小さ

くなって回転しにくくなります.

　定電圧駆動は高速回転が必要ない用途に使われます. 回路は簡単です.

▶定電流駆動

　モータのトルクは電流に比例します. 誘導起電力が発生しても必要な電流が流れ込むようにするには, 電流制御回路を設けて巻き線に流れる電流が一定になるように制御します. この方式を定電流駆動と呼びます. 回路は若干複雑になりますが, 高速回転時の特性が向上します.

　マイクロステップ駆動のときは, 電流値を決められたパターンで逐次変化させる必要があり, 電流制御が必須となります.

● 励磁方式の選択

　HB型2相モータの基本ステップ角は, 標準的なモータでは1.8°(1回転200ステップ)です. 高分解能型のモータでは0.9°(1回転400ステップ)のものもあります. これらのモータをフル・ステップ(基本ステップ)で使用するときは, 一般に2相励磁方式で駆動します.

　1-2相励磁とマイクロステップ駆動を採用すると, さらにステップ角を1/2, 1/4, …と分割することができます. マイクロステップ駆動の分割数は, 一般にドライバ・モジュールの機能設定スイッチ(ディップ・スイッチやロータリ・スイッチ)で設定できるようになっています.

● 直流電源タイプか商用電源タイプか

　ドライバの電源は, ドライバの外部に直流電源を用意するタイプと, 商用電源(AC100〜115V, あるいはAC200V)をそのまま使用するタイプがあります. 商用電源のタイプは, ドライバに内蔵された電源回路で直流電圧に変換しています. 商用電源型は便利な半面, ドライバの形状が大きくなり, 当然高価になります.

　直流電源を用意するタイプの電圧はDC24Vが代表的な値ですが, 動作電圧範囲は12〜30Vあるいは40Vのものもあります. またDC24Vでも, ドライバ内に昇圧回路を設けて高い電圧を発生するようにしているものもあります. 例えば, 日本電産サーボのFWDシリーズでは40V[1]です.

● 出力電流設定機能

　モータの最大トルクに応じてドライバの最大出力電流を決めますが, いつも大きな電流を流し続けると消費電力も増え, モータやドライバの発熱も大きくなります.

　そこで, 外部信号によって出力電流を変えられるようにして, 必要に応じて最大出力電流を下げる機能を用意しています. これを, 出力電流設定や駆動電流設定, あるいはモータ電流設定と呼びます.

● ドライバの入力信号

　ステッピング・モータの回転指令であるパルスを発生する上位のコントローラやパルス発生器には, CW(Clock Wise, 時計回り)方向のパルスとCCW(Counter Clock Wise, 反時計回り)方向のパルスをそれぞれ別々のラインに出力するものと, 回転指令パルス(クロック・パルス)と回転方向信号(H/L信号)に分けて出力する方式があり, ドライバの入力方式も以下の2種類になります.

▶CW/CCW パルス入力方式

　CW パルスと CCW パルスを入力するラインを別々に設ける方式で，2 パルス入力方式とも呼ばれています．

▶回転指令パルス/回転方向信号方式

　回転指令パルス(CLK パルス)と回転方向信号(H/L 信号)を入力するラインを設ける方式で，1 パルス入力方式とも呼ばれています．

　一般に，いずれの方式にも，ドライバ側で切り替えて対応できるようになっています．

● 停止時電流自動低減機能

　ステッピング・モータはドライブ状態で停止しているときにも，保持電流を流してモータ軸に保持トルクを発生しています．

　大電流を流し続けるとモータの発熱が大きくなるので，必要に応じて自動的に，保持電流の値を運転時電流の約 50〜75% 程度に低減する停止時電流自動低減機能があります．この機能は，電流セーブ機能(日本電産サーボ)や自動カレントダウン機能(オリエンタルモータ)などと呼ばれています．

● モータ電流遮断機能

　ステッピング・モータは，ドライブ状態で停止しているときにも，保持電流を流していて，モータ軸には保持トルクが発生しています．

　モータ軸を外部から動かしたい(例えば手動位置決め)ときに，外部信号によってモータ電流を遮断して無励磁状態にする機能をモータ電流遮断機能と呼びます．

　そのための信号をカレント・オフ(C.OFF)信号，あるいは出力電流オフ(A.W.OFF)信号(オリエンタルモータ)，ホールド・オフ(H.OFF)信号(日本電産サーボ)，あるいはモータ・フリー入力(HO)信号(マイクロステップ社)などと呼んでいます．

11-2　ドライバの回路構成と動作

　具体例として，2 相ステッピング・モータ用のドライバのなかから，回路構成が比較的オーソドックスで，フル・ステップとマイクロステップ駆動ができる製品を FSD シリーズ(日本電産サーボ)から選択しました．

　一つはユニポーラ駆動方式の FSD2U2P14-01，もう一つはバイポーラ駆動方式の FSD2B2P13-01 です[2]．**写真 11-1** にドライバの外観形状を，**表 11-1** に概略仕様を示します．この仕様をどのようにして実現しているか，選定したドライバの回路を**図 11-1** のように各機能ブロックに分け，それぞれのブロックごとに回路の内容と動作を解説します．

● モータ駆動部

　モータを接続して，モータに駆動電流を流す部分で，ユニポーラ駆動とバイポーラ駆動の二つの方式に分かれます．

▶ユニポーラ駆動

　ユニポーラ駆動の回路を**図 11-2** に示します．ここでは，2 相ステッピング・モータ・ユニポーラ駆動

〈写真11-1〉題材にした2相ステッピング・モータ用ドライバ（日本電産サーボFSDシリーズ）の外観形状

ユニポーラ駆動の
FSD2U2P14-01

バイポーラ駆動の
FSD2B2P13-01

〈表11-1〉題材にしたドライバの概略仕様

製品名	FSD2U2P14-01	FSD2B2P13-01
駆動方式	ユニポーラ駆動	バイポーラ駆動
	定電流駆動	
励磁方式	フル・ステップ，マイクロステップ1/2，1/4	
電源電圧	12〜30 V ±10%	12〜24 V ±10%
出力電流	0.33〜2 A	0.44〜2 A
出力電流設定	3ビットの外部信号で，8段階	
入力信号	CW パルス/CCW パルスまたはCLK パルス/回転方向信号	
停止時電流自動低減機能	入力パルスが無くなると，約0.25 s 後に，運転時電流の約60％に電流を低減	
出力電流OFF機能	モータを無励磁にする機能	

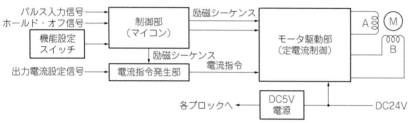

〈図11-1〉題材にしたドライバの機能ブロック図

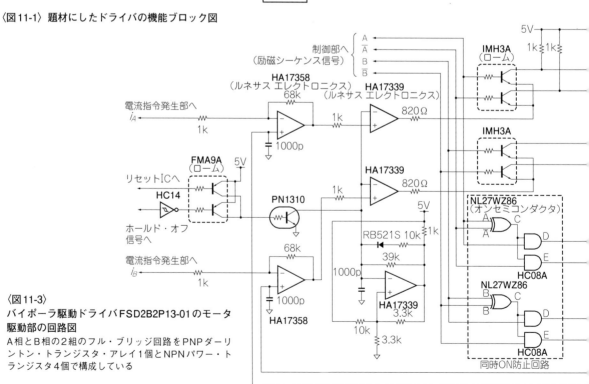

〈図11-3〉
バイポーラ駆動ドライバFSD2B2P13-01のモータ駆動部の回路図
A相とB相の2組のフル・ブリッジ回路をPNPダーリントン・トランジスタ・アレイ1個とNPNパワー・トランジスタ4個で構成している

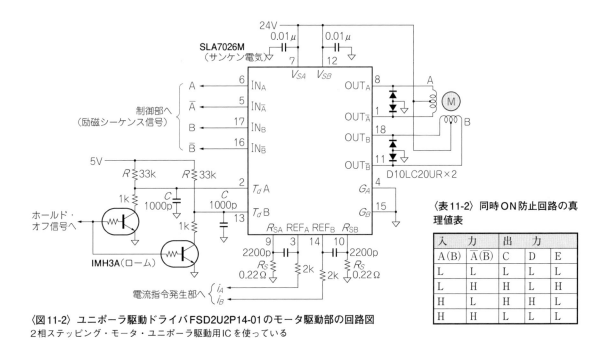

<〈表11-2〉 同時ON防止回路の真理値表

入　　力		出　　力		
A(B)	$\overline{A}(\overline{B})$	C	D	E
L	L	L	L	L
L	H	H	L	H
H	L	H	H	L
H	H	L	L	L

〈図11-2〉ユニポーラ駆動ドライバFSD2U2P14-01のモータ駆動部の回路図
2相ステッピング・モータ・ユニポーラ駆動用ICを使っている

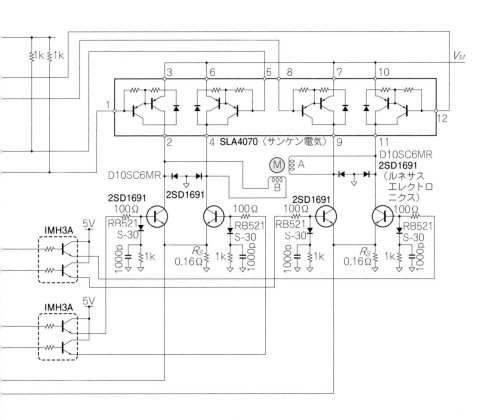

用IC SLA7026M（サンケン電気）[3][4]を使っています．このICは2相/1-2相励磁用で，チョッパ方式の電流制御回路が含まれています．モータの各相の電流は，電流検出抵抗R_s：0.22Ωで検出します．ICのREF端子の電圧をV_{REF}とし，出力電流をI_{out}とすると，

$$I_{out} = \frac{V_{REF}}{R_s}$$ ·· (11-1)

の関係となり，V_{REF}を電流指令値として電流を制御できます．

SLA7026Mは自励発振方式により，チョッピング動作を行います．チョッピングのOFF時間（T_{OFF}）はT_d端子に接続されるR，Cにより，次式のように設定されます．

$$T_{OFF} = -RC\ln\left(1 - \frac{2}{V_b}\right)$$ ································· (11-2)

ここでは，$R = 33\text{k}\Omega$，$C = 1000\text{pF}$，$V_b = 5\text{V}$なので，

$T_{OFF} = 17\mu\text{s}$

となります．

この端子を利用して，OFF時間を最大に延ばすことでホールド・オフ動作を実現しています．

▶バイポーラ駆動

バイポーラ駆動の回路を**図11-3**に示します．A相とB相の2組のフル・ブリッジ回路を，PNPダーリントン・トランジスタ・アレイSLA4070（サンケン電気）1個とNPNパワー・トランジスタ2SD1691-AZK（ルネサス エレクトロニクス）4個で構成しています．

フル・ブリッジ回路は，上下のトランジスタが同時にONすると電源が短絡され過大な貫通電流が流れて回路を破壊する危険性があるので，何らかの対策が必要になります．ここではXOR（NL27WZ86）とAND（74HC08A）を組み合わせて同時ON防止回路を構成しています．この同時ON防止回路の動作を真理値表で表すと**表11-2**のようになります．

すなわち，入力信号のいずれもが"H"になったとき，出力DとEは"L"となり下側トランジスタがすべてOFFになるので，貫通電流を流さないようにしています．

電流制御は，三角波比較方式のPWM（Pulse Width Modulation）です．電流指令値とモータ電流（電流検出抵抗R_s：0.16Ωの電位差）をOPアンプHA17358Aで比較し増幅した結果を，コンパレータHA17339Aを使って，HA17339Aによる鋸歯状波発生回路の出力と比較し，PWM信号を発生します．このPWM信号出力を上側トランジスタのベースに接続してPWM制御を行っています．

● 電流指令発生部

マイクロステップの電流指令値は**図11-4**に示すように，ラダー抵抗ネットワーク方式の4ビットD-Aコンバータで発生します．D-Aコンバータの出力は，3ビットの出力電流設定信号によって，後段の分圧抵抗とマルチプレクサ74HC4051を組み合わせた分圧回路から，8段階の分圧出力を取り出します．

4分割のマイクロステップ駆動を行うときに必要な電流指令値の理想的な値は，**表11-3**のように角度に対して正弦あるいは余弦関数の関係になります．一般に標準的な4ビットのR-$2R$ラダー・ネットワーク方式のD-Aコンバータで16分割したときの値と，この理想値とは完全に一致させることはできません．

回路図をよく見ると，ラダー先端の抵抗が$2R \rightarrow R$に変更されているので，この方式を変形R-$2R$と呼ぶことにします．この回路の出力（計算値）は**表11-3**に示すようになり，特性を悪化させない方向に誤

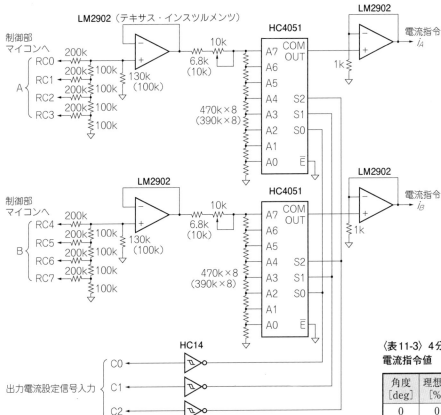

〈図11-4〉**電流指令発生部の回路図**（FSD2U2P14とFSD2B2P13で異なる定数はかっこ内にFSD2B2P13の値を示す）
指令値はラダー抵抗ネットワーク方式の4ビットD-Aコンバータで発生している．
ラダー先端の抵抗を$2R→R$に変更（変形R-$2R$）して誤差の配分を行っている

〈表11-3〉**4分割マイクロステップの電流指令値**

角度 [deg]	理想値 [%]	変形R-$2R$方式	
		出力[%]	誤差[%]
0	0	0	0
22.5	38.3	40.0	+ 1.7
45	70.7	73.0	+ 2.3
67.5	92.4	94.8	+ 2.4
90	100	100	0

差を配分しているものと思われます．

● **制御部**

　制御部はモータ駆動部と電流指令発生部をコントロールする部分で，ここではワンチップ・マイコンPIC16F57を使って実現しています．ただし，ドライバ・メーカではプログラムの内容を公開していないので，ここでは回路構成（**図11-5**）と主な機能についてのみ説明します．

▶機能設定

　表11-4に示す機能設定スイッチの情報を受け取り，パルス入力方式・電流セーブの有無，およびマイクロステップ分割数の設定を行い，結果を電流指令発生部とモータ駆動部に出力します．

▶励磁シーケンスの発生

　パルス入力方式で設定されたパルス入力を受け取り，マイクロステップ分割数で設定された励磁方式に従って，励磁パルスを電流指令発生部とモータ駆動部に出力します．

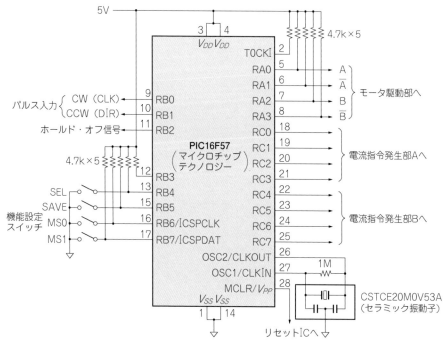

〈図11-5〉制御部の回路図
ワンチップ・マイコンを使って機能設定，励磁シーケンスの発生，ホールド・オフ信号の生成を行っている

〈表11-4〉機能設定スイッチ

スイッチ No.	スイッチ名	機 能	スイッチ設定位置と動作	
			OFF	ON
1	SEL	パルス入力方式設定	CW/CCW	CLK/DIR
2	SAVE	自動モータ電流セーブ機能	有	無
3	MS0	ステップ角設定	下表参照	
4	MS1			

分割数	1/2	1/1	1/4	1/2
MS0	ON	OFF	ON	OFF
MS1	ON	ON	OFF	OFF

▶ホールド・オフ信号
　ホールド・オフ(モータ通電カット)信号を受け取り，モータ駆動部に信号を出力します.

● その他
　マイクロコントローラ並びにロジック回路用の電源は，モータ用の電源から3端子レギュレータで
DC5Vとして供給しています.

11-3 フル・ステップ駆動,2分割,4分割マイクロステップ駆動の動作波形を確認

　フル・ステップ駆動，2分割および4分割マイクロステップ駆動のときの励磁電流の波形を**図11-6**～**図11-8**に示します.

　分割数を増やすと励磁電流が正弦波に近付き，励磁周波数が低くなることが分かります.

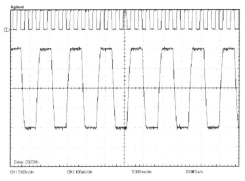

〈図11-6〉フル・ステップ駆動の励磁電流(ch1：クロック，周波数は約500Hz. ch2：モータ電流，1A/div.)

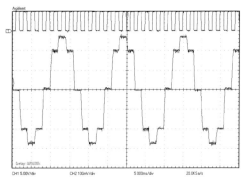

〈図11-7〉2分割マイクロステップ駆動の励磁電流(ch1：クロック，周波数は約500Hz. ch2：モータ電流，1A/div.)

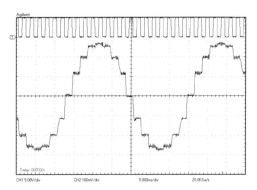

〈図11-8〉4分割マイクロステップの励磁電流(ch1：クロック，周波数は約500Hz. ch2：モータ電流，1A/div.)

第12章

応答特性と角度誤差の実例

ステッピング・モータの特性測定

本章では，ステッピング・モータの特性をいくつか実測して理解をより深めたいと思います．測定に使うパルス発生器については第13章で解説します．

12-1　2相HB型ステッピング・モータで実験

第9章では，ステッピング・モータの基本特性について説明しました．それを参考にしながら，実際にモータを回して確認してみます．

試験するモータは，一般的な2相HB型ステッピング・モータとします．一例として，42□のKH42-B900シリーズ（日本電産サーボ[1]）を使用します（**写真12-1**）．このシリーズは長さ方向の寸法が5種類と豊富で，ユニポーラ駆動用が7機種，バイポーラ駆動用が5機種，標準品として用意されています．

● ステップ応答特性の測定

ステッピング・モータに入力パルスを与えると，第9章の図9-10のような立ち上がり特性を示します．

これを実測するには，モータ軸に位置センサ（例えば精密な角度センサであるポテンショメータ）を直結して，オシロスコープなどで電圧波形を観測するのが一般的な方法です．

ここでは，無接触ポテンショメータMN22S（日本電産サーボ[1]，**写真12-2**，**表12-1**）を使用して測定することにしました．無接触方式なので，摺動ノイズの発生がないのが最大の特徴です[注12-1]．

被測定モータは，上記のKH4238-B9501（バイポーラ駆動）と第11章で解説したバイポーラ駆動方式

〈写真12-1〉実験に使用した2相HB型ステッピング・モータKH42-B900シリーズ（日本電産サーボ）の外観

〈写真12-2〉
ステップ応答特性の測定に使用した無接触ポテンショメータMN22S（日本電産サーボ）

注12-1：ポテンショメータとして，一般的なコンダクティブ・プラスチック型を使って測定しようとしたところ，摺動ノイズのレベルがかなり大きく，ノイズ・フィルタなどを挿入する必要があった．

〈表12-1〉 無接触ポテンショメータ
MN22Sの特性

方式	マグネットの磁界をホール素子で検出し, A-D/D-A変換して電圧を出力
電源電圧(V_{CC})	$5 \pm 0.25\,\mathrm{V_{DC}}$
消費電流	40 mA 以下
出力電圧	$5 \sim 95\,\% \, V_{CC}$
有効電気角	360°
出力分解度	0.1 %
単独直線性	±0.3 % 以下
ヒステリシス	0.1 % 以下
スムースネス	0.1 % 以下

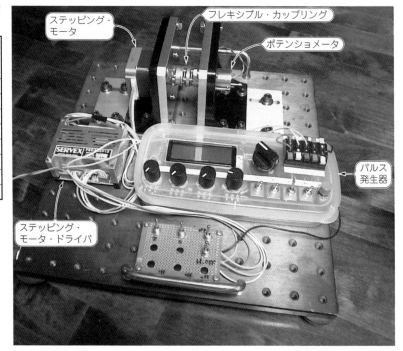

〈写真12-3〉 ステップ応答特性の測定風景

のドライバFSD2B2P13-01 (日本電産サーボ)の組み合わせとし, モータとポテンショメータの結合には, **写真12-3**に示すように, フレキシブル・カップリング「カプリコンMDW-19C 5×6 (鍋屋バイテック⁽²⁾)」を使用しました.

　測定は, フル・ステップ(2相励磁)のときパルス周波数を5pps, ハーフ・ステップ(1-2相励磁)のとき10pps, クォータ・ステップ(W1-2相励磁)のとき20pps, すなわちモータ軸の回転速度が同じ値になる条件で測定しました.

　図12-1は, ドライバの出力電流設定値を0.41A, 1.09A, 2.0Aにしたときのフル・ステップの応答特性で, 電流の増加に伴い振動成分が大きくなることが分かります.

　また, ハーフ・ステップとクォータ・ステップにしたときのステップ応答の変化のようすを, **図12-2**に示します.

● **速度-トルク特性の測定**

▶ホールディング・トルク(静止時のトルク)

　励磁状態でモータ軸の負荷トルクを増やしていくと, 保持トルクを上回ったときロックが外れモータ軸が回転します. このときの最大トルクがホールディング・トルクとなります. 測定結果を**表12-2**に示します.

　1A当たりのトルク(トルク定数に相当)を求めると, **表12-2**の3列目に示すように電流値が大きいほど小さくなり, 電流の増加に伴い, 磁極小歯の部分で磁気飽和が発生しているものと考えられます.

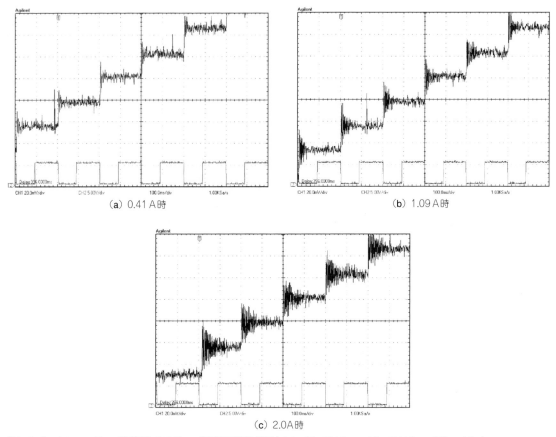

（a）0.41 A時

（b）1.09 A時

（c）2.0 A時

〈図12-1〉フル・ステップ駆動時のステップ応答の測定結果（ch1：20mV/div.，ch2：5V/div.，100ms/div.）
ドライバの出力電流の増加に伴い振動成分が大きくなることが分かる

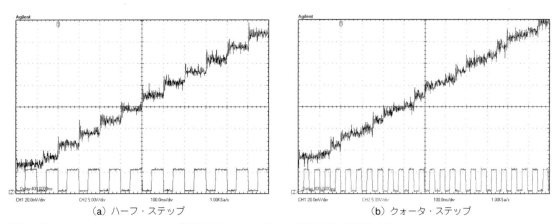

（a）ハーフ・ステップ

（b）クォータ・ステップ

〈図12-2〉ハーフ／クォータ・ステップ駆動時のステップ応答の測定結果（電流設定値：0.41A，ch1：20 mV/div.，ch2：5 V/div.，100 ms/div.）

▶最大応答周波数

電流設定値，負荷の種類と励磁方法を変えて最大応答周波数を測定しました．

測定結果を**表12-3**に示します．この測定で分かったことは以下のとおりです．

- 最大応答周波数は，モータの負荷条件で大きく変わり，無負荷が良い条件とは限らない
- 周波数を上げながら励磁電流を観測していると，電流波形が乱れ始める点があり，**表12-3**はこの点を最大値とした．これを超えてさらに高い周波数まで回転することもある
- ダンパの効果は顕著で高速回転が可能になる．しかし，高い周波数では励磁電流の値が小さくなるので，モータの発生トルクは小さくなる

▶速度-トルク特性（プル・アウト・トルク特性）

メーカでは専用の測定器を使って測定しています．ここでは，**図12-3**に示すようにもっともオーソドックスな糸掛けプーリ法（プーリ・バランス法とも呼ぶ[4]）で測定してみました．

電流設定値は0.41Aとし，プル・アウト・トルクを各励磁方式について測定した結果を**図12-4**に示します．フル・ステップ駆動に比べ，ハーフ・ステップやクォータ・ステップ駆動の方が応答周波数とトルクが大きくなります．

〈表12-2〉ステッピング・モータKH4234-B95101のホールディング・トルク

ドライバの出力電流 [A]	ホールディング・トルク　[mN·m]	トルク定数 [mN·m/A]
0.41	112	273
1.09	264	242
2.0	411	205

〈表12-3〉最大応答周波数の測定例（慣性負荷：$J = 48 \times 10^{-7}$ kgm² のアルミ円板，ダンパ：ステッピング・モータ用ダンパ・ロールDMV-4126[3]）

励磁方式	電流設定 [A]	最大応答周波数 [kpps]		
		無負荷	慣性負荷	ダンパ
フル・ステップ	0.41	3.9	4.0	7.9
	1.09	2.8	2.7	35
	2.0	1.9	1.8	35
ハーフ・ステップ	0.41	12	12	17
	1.09	4.9	4.9	28
	2.0	3.3	3.3	26
クォータ・ステップ	0.41	12	11	26
	1.09	6.9	6.7	24
	2.0	6.2	6.0	24

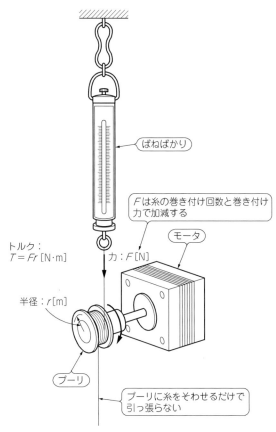

ばねばかり

Fは糸の巻き付け回数と巻き付け力で加減する

モータ

トルク：
$T = Fr$ [N·m]

力：F [N]

半径：r [m]

プーリ

プーリに糸をそわせるだけで引っ張らない

〈図12-3〉速度-トルク特性の測定に使用した糸掛けプーリ法

プーリ・バランス法とも呼ばれる測定法

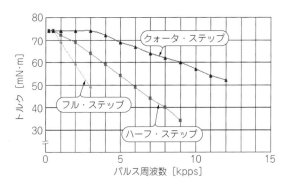

〈図12-4〉速度-トルク特性（プル・アウト・トルク特性）の測定結果
フル・ステップ駆動に比べてハーフ/クォータ・ステップ駆動の方が応答周波数とトルクが大きい

〈写真12-4〉静止角度誤差測定のためのステッピング・モータとエンコーダ

● 静止角度誤差の測定

　ステッピング・モータの最大の特徴は，ステップ状に回転と停止ができる機能です．その停止位置は，所定の角度で正確に静止できることが理想です．

　実際には，理論的な停止位置と実際の静止位置に差が生じます．静止角度誤差は第9章の図9-8のようになります．この静止角度誤差は，メーカでは専用の装置で測定していますが，これを実測してみることにします．

　HB型ステッピング・モータの静止角度誤差の値は，±5%程度が一般的です．基本ステップ角1.8°に対して±5%は，1回転360°に対して，

$$\frac{360}{1.8 \times 0.05} = 4000 \quad\text{・・・(12-1)}$$

となるので，この値の何倍かの分解能で回転角を測定する必要があります．

　ここでは，5000p/rのインクリメンタル・エンコーダMES-50-5000E（マイクロテック・ラボラトリー[5]）をステッピング・モータにカップリングで直結して，回転角を測定することができないか考えてみました（**写真12-4**）．

　5000p/rのエンコーダのA，B相の立ち上がりと立ち下がりパルスの両エッジを検出した場合，1回転につき20000分割となるので，4000に対して5倍になります．厳密に絶対的な精度を考えるとこのような方式は問題があるかもしれませんが，実験の価値はありそうです．

　パルス発生器の出力（ここでは5ppsとする）でステッピング・モータを低速で駆動し，エンコーダ信号をアップ/ダウン・カウンタで計測しながら，1ステップごとに回転角度データをPCに取り込み，理論値と比較演算することで静止角度誤差を求められます．

　ただし，ステップ応答特性は**図12-1**に示したように振動的な動きになるので，このときエンコーダもわずかに正逆回転を繰り返すことになります．このような状態でも，エンコーダ信号を正確にアップ/ダウン・カウントすることができなければ，静止角度誤差を測定できません．

　低い周波数のパルス周波数の発生と，インクリメンタル・エンコーダ信号のアップ/ダウン・カウントならびにデータのPCへの転送機能は，パルス発生器の機能を拡張して対応します．

この方法で実測してみると，ミス・カウントをしないようにするには振動をかなり抑える必要があり，適正なダンパなどを用いる必要があります．**写真12-4**のプーリは，ダンパ代わりになる効果があったので暫定的に用いたものです．ダンパをモータ軸に取り付けるため，モータは両軸タイプのKH42JM2-961（日本電産サーボ）を用いました．この方法による測定結果を**図12-5**に示します．

フル・ステップ駆動とハーフ・ステップ駆動に比較して，クォータ・ステップ駆動では大きな誤差が発生しています．誤差が大きくなっている位置は，1/4ステップに相当する位置で，A，B相の電流の比率を正弦関数でコントロールしている点です．θ-T特性の正弦波からのずれや，コギング・トルクの影響などで誤差が大きくなっているものと考えられます．

ステッピング・モータの静止角度誤差の特徴は以下のとおりです．

- 誤差は累積せず，1回転すると元に戻る
- クォータ・ステップの場合，誤差は大きくなる．ただし，同一励磁方式の位置，すなわち，4ステップごとのフル・ステップ，ハーフ・ステップ，あるいはクォータ・ステップの位置だけを見れば，それぞれの誤差は小さいと考えられるので，使用上の静止点をそこに選べば誤差を低減できる

比較的入手が楽なインクリメンタル・エンコーダを用いた測定法を試しましたが，アブソリュート・エンコーダを使って，振動が完全に収まった点でデータを取り込む方が得策だったとも考えられます．

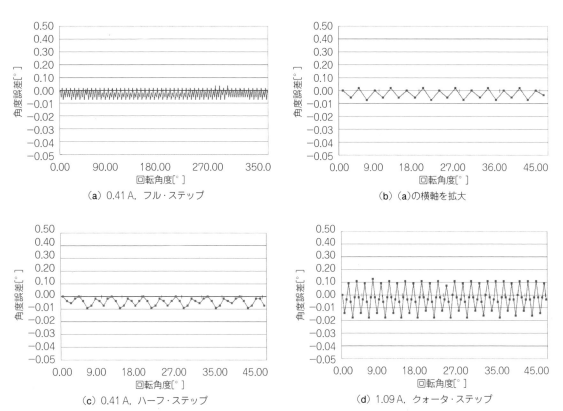

(a) 0.41 A，フル・ステップ

(b) (a)の横軸を拡大

(c) 0.41 A，ハーフ・ステップ

(d) 1.09 A，クォータ・ステップ

〈図12-5〉静止角度誤差の測定結果
クォータ・ステップの誤差が大きい

第13章

1台作っておけばいろいろなモータに使える

実験用パルス発生器を作る

　ステッピング・モータの駆動実験を行うときは，ドライバに対して回転指令をパルス信号で入力する必要があります．しかし，パルス信号を出せる任意波形発生器は高価です．

　そこで，ワンチップ・マイコン（H8/3694F）を利用して実験用パルス発生器（**写真13-1**）を製作しました．

13-1　本器の機能

　製作するパルス発生器の機能を**図13-1**（次ページ）のブロック図で示します．

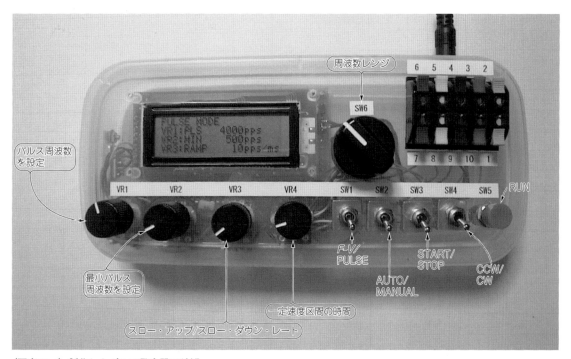

〈写真13-1〉製作したパルス発生器の外観

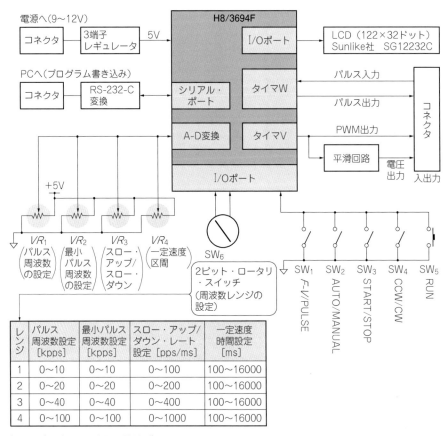

〈図13-1〉パルス発生器の機能ブロック図
各種設定をスイッチと可変抵抗器で行う

レンジ	パルス 周波数設定 [kpps]	最小パルス 周波数設定 [kpps]	スロー・アップ/ ダウン・レート 設定 [pps/ms]	一定速度 時間設定 [ms]
1	0〜10	0〜10	0〜100	100〜16000
2	0〜20	0〜20	0〜200	100〜16000
3	0〜40	0〜40	0〜400	100〜16000
4	0〜100	0〜100	0〜1000	100〜16000

● **パルス出力（周波数）機能**

基本ステップ角1.8°のステッピング・モータは，200ステップ，すなわち200パルスの入力で1回転します．パルス周波数fとモータの回転速度Nの関係は，

$$N = \frac{f}{200} \times 60 \ [\text{r/min}] \quad \cdots\cdots\cdots\cdots\cdots\cdots\cdots\cdots\cdots\cdots\cdots\cdots\cdots\cdots\cdots\cdots\cdots\cdots\cdots\cdots\cdots\cdots\cdots (13\text{-}1)$$

となるので，$f = 10\text{kpps}$のときは，$N = 3000\text{r/min}$となります．

パルス周波数（pps）は，可変抵抗器VR_1で設定します．2分割/4分割マイクロステップ駆動のときはパルス数がそれぞれ×2，×4となるので，パルス周波数はロータリ・スイッチSW_6で，**図13-1**内の表に示すように4段階に切り替えられるようにします．レンジ4の0〜100kHzは，さらに高いパルス周波数が必要になる場合を想定して用意しました．

● **回転方向切り替え機能**

ステッピング・モータ・ドライバは，時計回りのCWパルスと反時計回りのCCWパルスをそれぞれ別々のラインに入力する2パルス入力方式と，回転指令パルス（CLKパルス）と回転方向信号（H/L信号）

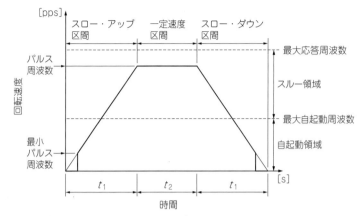

〈図13-2〉スロー・アップ/スロー・ダウン駆動信号
自起動領域の低いパルス周波数で起動してから周波数を上げていく

に分けて入力する1パルス入力方式があります．また，ドライバ側でいずれの方式にも対応できるタイプもあります．

　製作したパルス発生器は，CWパルスとCCWパルスを別々のラインに出力する方式とし，CCW/CW切り替えスイッチ（トグル・スイッチSW4）で出力を切り替えます．CWはClock Wiseの略で軸から見て時計回り，CCWはCounter Clock Wiseの略でその逆回転です．

● スロー・アップ/スロー・ダウン機能

　ステッピング・モータを高速回転領域まで駆動するときは，**図13-2**に示すように，自起動領域から低いパルス周波数（ここでは最小パルス周波数と呼ぶ）で余裕を持って起動します．そして，スルー領域まで周波数を次第にスロー・アップし，停止するときも高速回転から同様にスロー・ダウンを行うスロー・アップ/スロー・ダウン方式で駆動します．

　スロー・アップ/スロー・ダウン信号の設定方法は，起動時のパルス周波数（最小パルス周波数）を可変抵抗器VR_2で設定し，スロー・アップ/スロー・ダウン・レート（pps/ms）は，VR_3で直線的に増加または減少するランプ関数の傾斜として設定します．

　スロー・アップ/スロー・ダウン機能が不要なときは，VR_3を最大位置（右に回し切った位置）にしておくと，この機能はOFFします．一定速度区間の時間t_2（ms）はVR_4で設定します．今回は，スロー・アップとスロー・ダウンのレートは同じ値とします．それぞれの設定範囲は，**図13-1**の表に示す値とします．

● AUTO/MANUALとSTART/STOP，RUNスイッチの動作

　AUTO/MANUAL切り替えスイッチSW2をMANUALにすると，START/STOPスイッチSW3がONのとき**図13-2**のスロー・アップ区間の信号が発生します．OFFのときはスロー・ダウン区間の信号が発生します．

　MANUALの状態で，START/STOPスイッチSW3がOFFのとき，RUNスイッチ（押しボタン・スイッチSW5）を押すと，パルスを一つだけ発生することができ，インチング動作（寸動）が行えます．

　AUTOのときは，RUNスイッチを押すとスロー・アップを開始し，設定時間だけ高速回転を継続し，次にスロー・ダウンして停止するまでの，一連の台形制御信号を発生します．

● パルス出力のモニタリング

　パルス出力の発生状態を確認するとき，パルス出力そのものをオシロスコープなどで観測するだけでは，出力状態(特にスロー・アップやスロー・ダウン動作のときの出力状態)が分かりにくいものになります．

　そこで，パルス出力に比例したPWM信号を出力し，これを平滑してアナログ電圧とし，それをモニタ信号として取り出しました．これにより，オシロスコープで直感的に確認しやすくなります．

　ここでは，すべてのレンジの出力を，0～5Vのアナログ電圧出力で取り出します．

● 設定状態をLCDで表示

　ボリュームで設定したパルス周波数やその他の値は，LCD(液晶表示)モジュールに数字表示することにします．

● *F-V*/PULSEモード切り替え

　F-V/PULSEモード切り替えスイッチSW$_1$は，DCモータ実験用に本器を*F-V*変換器に拡張する準備として設けたものです．ステッピング・モータ用には，PULSEモード側で使用します．

13-2 ハードウェアとソフトウェア

● キー・パーツと外観

　製作したパルス発生器の回路図を**図13-3**(次ページ)に示します．

　マイコン部分は第6章で使用した，H8/3694F(ルネサス エレクトロニクス)を搭載したマイコン基板MB-H8A/MB-H8A-P(サンハヤト)を使用します．

　LCDモジュールは，122(W)×32(H)ドットのグラフィック液晶表示モジュールSG12232(Sunlike Display Tech.)を使用します．

　ユニバーサル基板にマイコン基板，LCDユニットと周辺回路を搭載したものと，スイッチ，ボリューム，コネクタなどの機構部品とともに，プラスチック・ケースに組み込んで完成させたパルス発生器の一例が**写真13-1**です．

● 可変抵抗器の処理

　パルス発生器にはパルスの周波数などを設定するための可変抵抗器が4個あります．

　可変抵抗器は，A-D変換器のスキャン・モードを利用しプログラムの介在なしに変換します(詳細は第7章7-5節の説明参照)．変換結果は，**図13-1**中の表の値になるように変換されます(VR$_3$を右に回し切った位置では機能OFFとする)．

　本器は最大100000ppsまで出力できますが，この値は16ビット整数型(int)では表現できません．そこで，周波数の表示分解能を10ppsとしました．例えば，100000ppsは10000と表示されます．

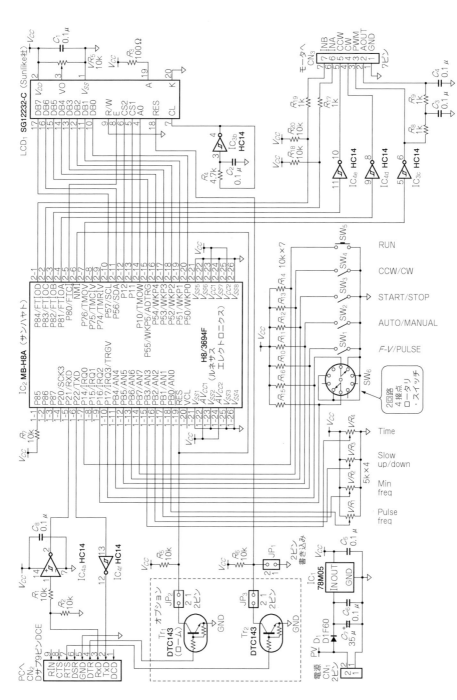

《図13-3》 ステッピング・モータ用パルス発生器の回路図

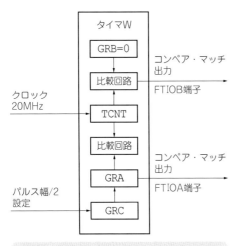

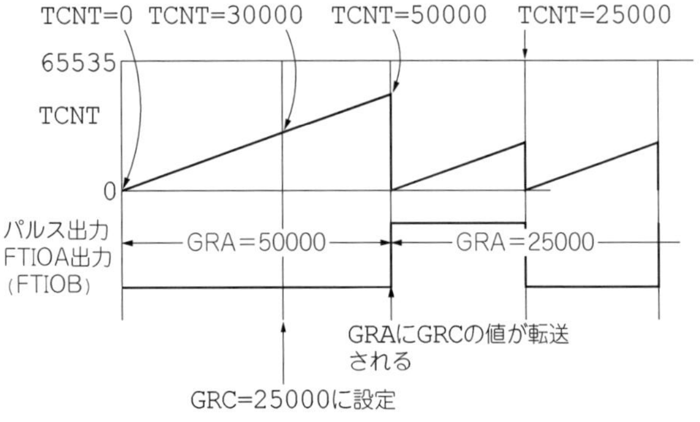

TCNT：タイマ・カウンタ
GRA ：ジェネラル・レジスタA
GRB ：ジェネラル・レジスタB
GRC ：ジェネラル・レジスタC
FTIOA：インプット・キャプチャ/アウトプット・
　　　　コンペアA
FTIOB：インプット・キャプチャ/アウトプット・
　　　　コンペアB

〈図13-5〉途中でパルス幅設定を変えたときのタイマW周辺の動作
200Hz（50000）から400Hz（25000）に設定変更したときを表している

◀〈図13-4〉
タイマＷを使用してパルス信号を発生させる場合のブロック図
ジェネラル・レジスタGRCにパルス幅（半周期）をセットしてパルスを発生させる

● **パルス信号の発生原理**

図13-4にパルス信号発生のブロック図を，**図13-5**にタイマの設定値とパルス信号の関係を示します．

H8/3694FのタイマWとアウトプット・コンペアを使います．直接周波数を設定できないため，ジェネラル・レジスタにパルス幅（半周期）をセットしました．

周波数からパルス幅（半周期）Wに変換する式は，分解能単位の周波数をN_{10}，マイコンのクロックをf_{clk}，周波数分解能rとすると，

$$W = \frac{f_{clk}}{2r} \cdot \frac{1}{N_{10}} \quad\cdots\cdots (13\text{-}2)$$

となります．

マイコンのクロックを20MHz，周波数分解能を10ppsとすると，

$$W = \frac{20000000}{2 \times 10} \cdot \frac{1}{N_{10}}$$

$$= \frac{1000000}{N_{10}} \quad\cdots\cdots (13\text{-}3)$$

となります．

タイマWの動作は次のとおりです．

① TCNTは0からGRAまでカウント・アップする

② TCNT＝GRAになるとTCNTを0にし，GRCの値がGRAに転送される．CWモードのときは，FTIOA出力端子を反転させる．CCWモードのときは，TCNT＝GRB（＝0）でFTIOB出力端子を反転させる

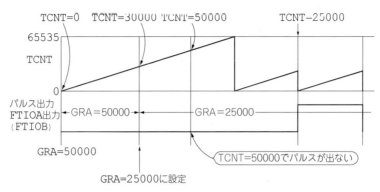

〈図13-6〉ダブル・バッファを使用しない場合にパルスの抜けが発生するようす
200Hz（50000）から400Hz（25000）に設定変更したときを表している

　タイマWのダブル・バッファ機能を利用している理由は，パルスの抜けを防止するためです．タイマ・カウントの値との比較に使われるレジスタGRAにはパルス幅を設定しません．パルス幅はGRCに設定します．パルスの抜けがおきない安全なタイミングで，設定値はGRCからGRAに転送されます．

　図13-6に，パルスの抜けが発生したようすを示します．新しく設定するパルス幅をGRAに設定してしまうと，その設定値よりTCNTの値が大きいとき，コンペア・マッチが1回ぶん発生しなくなります．図では周波数が低いので影響が小さく見えますが，パルス幅の設定値が小さい場合，ほぼ16ビット・タイマが一周する時間，パルスが発生しなくなります．例えば，100kppsの場合，300パルスぶんほど抜けが発生する可能性があります．

● 発生できるパルス信号の分解能
　本器で発生させるパルス信号は，周波数で設定します．しかしマイコン内部でタイマにセットするのはパルス幅になります．このため，周波数が整数でも，パルス幅では整数にならない場合があります．従って，特に周波数が高いほど誤差が大きくなります．

　例えば，100000ppsのパルス幅を式(13-3)から計算すると，$N_{10} = 100000/10 = 10000$なので，

$$W = \frac{1000000}{N_{10}}$$
$$= 1000000/10000$$
$$= 100$$

となります．

　パルス幅が100のとき，100000ppsより少し下の設定できる周波数は，パルス幅では101になり，このときの実際のパルス周波数NはN_{10}の10倍なので，

$$N = \frac{1000000}{W}$$
$$= \frac{1000000}{101}$$
$$= 99009$$

と求まります．しかし周波数分解能を10ppsとしているので，設定周波数は99010ppsとなります．

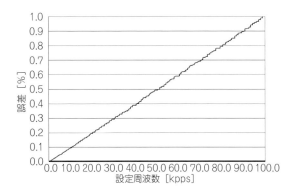

〈図13-7〉パルス発生器の誤差特性
周波数が高いほど誤差が大きくなる

　ところが，設定周波数99010ppsでセットされるパルス幅Wは，$N_{10} = 9901$なので，

$$W = \frac{1000000}{9901}$$

$$= 100.9998\cdots$$

$$\Rightarrow 100$$

となります．

　すなわち，99010ppsの設定のときも100000ppsで出力されることになり，約1%の誤差になります．

　図13-7に，設定周波数と誤差の関係をグラフで示します．

● スロー・アップ/スロー・ダウンを実現するランプ関数

　ステッピング・モータをスロー・アップ/スロー・ダウン制御するため，ランプ関数を利用してパルス出力周波数を直線的に増減させます．

　第6章では，ブラシ付きDCモータで同様の処理を実現しました．今度はそのときの回転速度（r/min）がパルス出力周波数（pps）に変わっただけで処理内容は同じです（第6章6-10節参照）．

● パルス出力モニタ信号の発生

　PWM変換は第6章で説明しましたが，ここでは測定が目的のために変更があります．

　H8/3694FのタイマVを使用し，PWM信号を発生させます．**図13-8**にPWM出力部のブロック線図を，**図13-9**にPWM出力の説明図を示します．レジスタTCORAで周期を，レジスタTCORBでデューティを設定します．

　以下の動作を繰り返すとPWM出力になります．

① TCNTVは0から249までカウント・アップする
② TCNV=TCORAになるとTMOVに1を出力し，TCNVを0にリセットする
③ TCNV=TCORBになると，TMOVの出力を0にする

　PWM周波数f_{PWM}は，TCORAの値をA_{TCORA}とすると，

$$f_{PWM} = \frac{f_{clk}}{4\,(A_{TCORA} + 1)} \quad \cdots\cdots (13\text{-}4)$$

になるので，TCORAを249にすると20kHzになります（マイコンのクロック周波数f_{clk}は20MHz）．

〈リスト13-1〉ステッピング・モータ用パルス発生器のプログラム（抜粋，ダウンロード可能）

```
#include <machine.h>
#include <_h_c_lib.h>
#include "iodefine.h"
#include "lcd.h"

#define MPU_CLK          20000000UL    // マイコン動作周波数 [Hz]
#define MPU_TIME         (1000000000L/MPU_CLK)
// マイコン動作時間 [ns]
#define TIMEERA_LOOP     4096          //[0.1us]
#define TIME_BASE        1000000L      // 基準時間 [ns]
#define FREQ_RESOLUTION  10            // 周波数分解能 [Hz]
#define CONVERT_BASE     (MPU_CLK/FREQ_RESOLUTION/2)
// パルス周期変換定数（最後に2で割るのは半周期にするため）

#define SW_RUN           IO.PDR1.BIT.B4    //RUNSW
#define SW_RANGEL        IO.PDR1.BIT.B6    // レンジL
#define SW_RANGEH        IO.PDR1.BIT.B7    // レンジH
#define SW_FV_MODE       IO.PDRB.BIT.B4    //F/V モード
#define SW_AUTO_MODE     IO.PDRB.BIT.B5    //AUTO モード
#define SW_START         IO.PDRB.BIT.B6    // スタート / ストップ
#define SW_DIR           IO.PDRB.BIT.B7    // 方向切り替え


volatile unsigned long gSystemTime;


volatile int gSetFrequency;        // 設定周波数
volatile int gFrequency;           // 測定周波数
volatile int gSetMinFrequency;     // 設定最小周波数
volatile int gSlowUpRatio;         // スローアップダウン値
volatile int gSetTime;             // 一定周波数の時間
volatile int gMode;                //0: パルス発生 1:F/V
volatile int gRangeSW;             // レンジ切り替えSWの状態

const int gRangeTable[] ={          // レンジテーブル [Hz]
    10100/FREQ_RESOLUTION,
    20200/FREQ_RESOLUTION,
    40400/FREQ_RESOLUTION,
    101000/FREQ_RESOLUTION
};

//-----------------------------------------------
//   タイマーA割込み
//   TIMEERA_LOOP[0.1us] 周期で割り込み発生
//-----------------------------------------------

_ _interrupt(vect=19)
void INT_TimerA(void)
{
    static int count;

    count+=TIMEERA_LOOP;
    if(count >= 10000){
        count-=10000;
        gSystemTime += TIME_BASE/1000000;

        gRangeSW = SW_RANGEL | SW_RANGEH << 1;

        if(gMode == 0){
            PulseLoop()
        }
    }
    IRR1.BIT.IRRTA = 0;
}

//-----------------------------------------------
//   パルス出力制御
//-----------------------------------------------

void PulseLoop(void)
{
    const int table[] ={4, 8, 16, 40};

    static int frequency;
```

```
    int minFrequency;
    int setFrequency;
    int slowUpRatio;
    int out;

    setFrequency = gSetFrequency;
    minFrequency = gSetMinFrequency;
    slowUpRatio  = gSlowUpRatio;

    if(slowUpRatio == 0){
        frequency = setFrequency;

    }else if(frequency < setFrequency){
        frequency+=slowUpRatio;
        if(frequency > setFrequency){
            frequency = setFrequency;
        }

    }else if(frequency > setFrequency){
        frequency-=slowUpRatio;
        if(frequency < setFrequency){
            frequency = setFrequency;
        }
    }

    if(frequency == setFrequency){
        if(gSetTime > 0){
            gSetTime--;
            if(gSetTime == 0){
                gSetFrequency=0;
            }
        }
    }


    if(frequency >= minFrequency && frequency > CONVERT_
BASE/65535){
        TW.GRC = CONVERT_BASE/(unsigned)frequency;
// 周波数→パルス幅変換
        TW.TMRW.BIT.CTS = 1;
        out = (frequency/table[gRangeSW]);

    }else{
        if(TW.TMRW.BIT.CTS == 1){
            TW.TCRW.BIT.TOA = 0;
            TW.TCRW.BIT.TOB = 0;
            TW.TMRW.BIT.CTS = 0;
        }
        out = 0;
    }
    if(out > 250-1){
        out = 250-1;
    }else if(out == 0){
        out = 250;
    }
    TV.TCORB = out-1;
}

//-----------------------------------------------
//   ボリュームの値から周波数に変換する
//-----------------------------------------------

int ToFrequency(unsigned int data, unsigned int max)
{
    unsigned long out;

    out = max*data;

    return(out>>16);
}
```

プログラムは，本書の紹介ページからダウンロードできます．"CQ　モータのマイコン制御"で検索してください

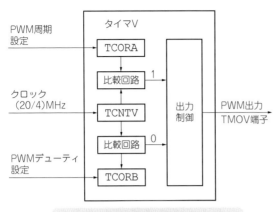

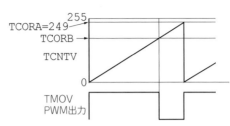

〈図13-9〉**PWM出力の説明図**
TCORAで周期をTCORBでデューティを設定する

TCNTV：タイマ・カウンタV
TCORA：タイマ・コンスタント・レジスタA
TCORB：タイマ・コンスタント・レジスタB
TMOV　：タイマV出力

〈図13-8〉**PWM出力部のブロック線図**

　今回は測定が目的なので測定しやすい出力にします．このPWM出力を平滑し電圧(0～5V)に変換しますが，TCORAを249にすることで，

$$\frac{5000\text{mV}}{249+1}=20\text{mV}$$

となり，非常に扱いやすくなります．

● **プログラムの概要**
　プログラムの抜粋を**リスト13-1**に示します．プログラムの本体は，次のように3ファイルあります．
① パルス発生器本体
　タイマA割り込み処理(基準時間カウント)
　パルス出力制御処理
　初期化処理
　時間待ち処理
　文字列に変換処理
　ボリュームの値から周波数に変換する処理
　パルス出力処理(AUTOとMANUALモード)
　メイン
② LCD制御
　LCDを制御する関数
③ LCD制御のヘッダ・ファイル
　各種定義
　今回使用したLCDは，1画面に見えますが，制御としては左右2画面に分かれています．LCDの制御プログラムに，2画面を意識しないで連続した1画面として扱える関数を用意しました．

13-3 動作の確認

　MANUALモードで動かしたときの出力信号を**図13-10**，**図13-11**に示します．START/STOPスイッチをONにしたときの立ち上がり部分が**図13-10**，OFFにしたときの立ち下がり部分が**図13-11**です．**写真13-2**のように，パルス周波数(VR_1)を4000pps，最小パルス周波数(VR_2)を500pps，スロー・アップ/スロー・ダウン・レート(VR_3)を10pps/msに設定しています．

　同じパルス・レートで，**写真13-3**に示すようにAUTOモードに切り替えると，スロー・アップ/スロー・ダウンの区間はLCDに時間(**図13-2**のt_1[ms])で表示されます．一定速度区間の時間をVR_4で196msに設定して，RUNスイッチをONしたときの出力信号の変化のようすを，**図13-12**に示します．

　図13-10〜**図13-12**のチャネル2の波形は，パルス出力を観測したものですが，このレンジでは使用したディジタル・オシロスコープのサンプリング速度が1kspsと低いため，パルス波形を正しく捕らえ

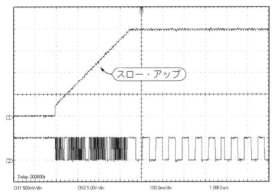

〈図13-10〉**MANUAL/START時の出力信号**(500mV/div., 100ms/div., パルス周波数を4000pps, 最小パルス周波数を500pps, スロー・アップ/スロー・ダウン・レートを10pps/msに設定)

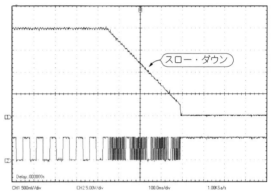

〈図13-11〉**MANUAL/STOP時の出力信号**(500mV/div., 100ms/div., パルス周波数を4000pps, 最小パルス周波数を500pps, スロー・アップ/スロー・ダウン・レートを10pps/msに設定)

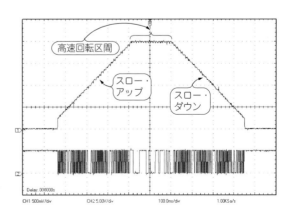

〈図13-12〉**AUTO/RUN時の出力信号**(500mV/div., 100ms/div., 高速回転区間の時間を196msに設定)

〈写真13-2〉MANUALモードの設定時間

〈写真13-3〉AUTOモードに設定

ていません．従って，パルス出力が出ていることの目安と考えてください．

13-4 ステッピング・モータ測定向け機能の追加

　ハードウェアはそのまま利用して，第12章の測定にソフトウェアの変更だけで対応できます．
　パルス発生器を静止角度誤差測定モードにするときは，SW₁をONにして，測定開始はSW₂をONにすることで対応することにします．パルス発生器と被測定物との接続図は**図13-13**のようになります．

● 2相エンコーダ信号の処理
　図13-14に2相エンコーダ信号をカウントする部分のブロック図を，**図13-15**にカウント方法を示します．
　H8/3694FのタイマWを使用し，エンコーダ信号のエッジ変化を検出します．エンコーダ信号は，インプット・キャプチャを使用し両エッジで動作させますが，このときにGRCまたはGRDにセットされる値は使用しません．同時に発生する割り込みを使用し，ソフトウェアでカウント動作をさせます．
　カウントは，**図13-15**中の表の組み合わせでカウント・アップ（カウント・ダウン）を行います．すべてのエッジでカウントすることで，ステッピング・モータのような停止ごとに振動するようなターゲットでもミス・カウントを起こさないで処理できます（一つの相の両エッジの場合も可能）．
　すべてのエッジ，A相だけ両エッジ，A相だけ立ち上がりエッジのときの説明を**図13-16**に示します．A相だけの立ち上がりでは，振動している区間（回転していない）でもカウント・アップしてしまうのが分かります．

● ボリュームの処理
　パルス発生器にはパルスの周波数などを設定するための可変抵抗器が4個あります．
　VR_1を使用し，2～50ppsのパルスを発生するようにしました．

● パルス信号の発生
　13-2節の設計ではタイマWを使用してパルス信号を発生させましたが，すでに2相エンコーダ信号の処理に使用しているので，以下のようにソフトウェアで発生させます．

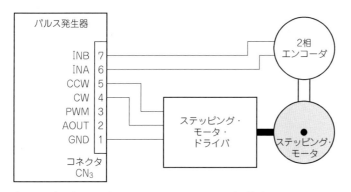

〈図13-13〉パルス発生器とドライバ，エンコーダの接続図

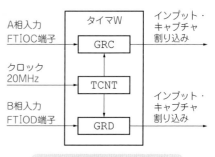

TCNT	：タイマ・カウンタ
GRC	：ジェネラル・レジスタC
GRD	：ジェネラル・レジスタD
FTIOC	：インプット・キャプチャ/
	アウトプット・コンペアA
FTIOD	：インプット・キャプチャ/
	アウトプット・コンペアB

〈図13-14〉タイマ W を使用して2相エンコーダ信号をカウントする
GRC または GRD にセットされると同時に発生する割り込みを使用する

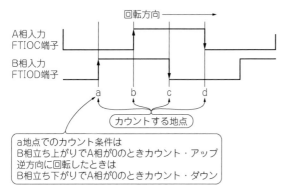

a地点でのカウント条件は
B相立ち上がりでA相が0のときカウント・アップ
逆方向に回転したときは
B相立ち下がりでA相が0のときカウント・ダウン

	カウント・アップ→				カウント・ダウン←			
A相	0	↑	1	↓	0	↑	1	↑
B相	↑	1	↓	0	↓	1	↑	0
地点	a	b	c	d	a	b	c	d

〈図13-15〉2相エンコーダ信号のカウント方法
すべてのエッジでカウントすることでミス・カウントを防ぐことができる

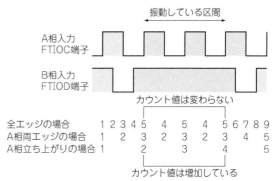

〈図13-16〉エッジ変化の検出方法とミス・カウントの関係
A相だけの立ち上がりでは振動している区間でもカウント・アップする

① 出力ポートに‘1’を出力
② 出力するパルス幅の半分の時間休む
③ ‘0’を出力
④ 出力するパルス幅の半分の時間休む
　以上を繰り返すことで，連続したパルス信号を発生させることができます．

〈リスト13-2〉静止角度精度測定用プログラム(抜粋, ダウンロード可能)

```
省略 (#include, #define部などは前回参照)                                IntToAscii(pulse, str, 10, 5);
//-----------------------------------                               LcdPuts(str);
//  2相パルスカウント                                                  puts(str);
//-----------------------------------                               puts("stp ");
                                                                    time = (AD.ADDRA>>8)+10;
void TimerW_AB(void)                                         //     IntToAscii(1000/(time*2), str, 10, 5);
{                                                                   IntToAscii(time*2, str, 10, 5);
    if(TW.TSRW.BIT.IMFC == 1){          // パルス検出?
        if(IO.PDR8.BIT.B3 == 1){                                    LcdPuts(str);
            if(IO.PDR8.BIT.B4 == 1){                                LcdPuts("ms");
                gPosition++;                                        puts(str);
            }else{                                                  puts("ms¥r¥n");
                gPosition--;
            }                                                       while(1){
        }else{                                                          if(SW_FV_MODE == 0 || SW_AB_MODE == 0){
            if(IO.PDR8.BIT.B4 == 0){                                        break;
                gPosition++;                                            }
            }else{
                gPosition--;                                            IntToAscii(count, str, 10, 5);
            }                                                           LcdMov(0, 1);
        }                                                               LcdPuts("CNT ");
        TW.TSRW.BIT.IMFC = 0;                                           LcdPuts(str);
    }
    if(TW.TSRW.BIT.IMFD){               // パルス検出?                     IntToAscii(gPosition/count, str, 10, 5);
        if(IO.PDR8.BIT.B4 == 1){                                        LcdMov(0, 3);
            if(IO.PDR8.BIT.B3 == 0){                                    LcdPuts("    ");
                gPosition++;                                            LcdPuts(str);
            }else{
                gPosition--;                                            if(gPosition >= 0){
            }                                                               IntToAscii(gPosition, str, 10, 5);
        }else{                                                          }else{
            if(IO.PDR8.BIT.B3 == 1){                                        IntToAscii(-gPosition, &(str[1]), 10, 4);
                gPosition++;                                                str[0]='-';
            }else{                                                      }
                gPosition--;                                            LcdMov(0, 2);
            }                                                           LcdPuts("POS ");
        }                                                               LcdPuts(str);
        TW.TSRW.BIT.IMFD = 0;
    }                                                                   if(count >= 0){
}                                                                           puts(str);
                                                                            puts("¥r¥n");
//-----------------------------------                                   }
//  2相モード                                                            if(count >= pulse){
//-----------------------------------                                        dir = 1;
                                                                        }
#define AB_MODE_TIME 200                                                if(dir == 0){
                                                                            IO.PDR8.BIT.B1 = 1;
void ABMode(void)                                                           Sleep(time);
{                                                                           IO.PDR8.BIT.B1 = 0;
    int count=0;                                                            Sleep(time);
    int dir=0;                                                              count++;
    char str[5+1];
    int pulse;                                                          }else if(count >= 0){
    int time;                                                               IO.PDR8.BIT.B2 = 1;
                                                                            Sleep(time);
    gPosition=0;                                                            IO.PDR8.BIT.B2 = 0;
                                                                            Sleep(time);
    gMode = 3;                                                              count--;
                                                                        }
    // タイマーW設定                                                    }
    TW.TMRW.BYTE  = 0x80;
    TW.TCRW.BYTE  = 0x00;                                               // タイマーW設定
    TW.TIERW.BYTE = 0x0c;                                              TW.TMRW.BYTE  = 0x10;
//  TW.TIERW.BYTE = 0x04;                                              TW.TCRW.BYTE  = 0x80;
    TW.TIOR0.BYTE = 0x00;                                              TW.TIERW.BYTE = 0x00;
    TW.TIOR1.BYTE = 0x77;      // 両エッジ                               TW.TIOR0.BYTE = 0x00;
    TW.GRA = 0x8000;                                                   TW.TIOR1.BYTE = 0x40;
                                                                       TW.GRB = 0;
    TV.TCRV0.BIT.CMIEB = 0;
                                                                       TV.TCRV0.BIT.CMIEB = 1;
    LcdClr(LCD_AREA_12);
    LcdMov(0, 0);                                                      gMode = 0;
    LcdPuts("AB MODE");                                         }
    pulse = (gRangeSW+1)*200;
```

● **静止角度誤差の測定とPCへの転送**

　ステッピング・モータに接続したエンコーダで静止角度誤差を測定します．測定結果はPCに取り込み，そちらで特性を確認します．

　1パルス出力するごとにエンコーダ信号をカウントし，角度をPCに転送します．CW 1回転，CCW 1回転を測定し自動的に終了します．1回転のパルス数は励磁方法によって変わるので，SW$_6$を利用し1回転のパルス数200，400，600，800を選択できるようにしました．

　パルス発生器の動作は，以下のようになります．

① SW$_1$をON
② SW$_2$をONにすると測定開始
③ 1パルス出力
④ 測定した角度をPCに転送
⑤ 測定完了まで③，④を繰り返す
⑥ SW$_1$，またはSW$_2$をOFFするまで待機

　この間，PCのターミナルは文字列を受信します．受信終了後保存し，PCのソフトウェアでグラフを表示します．なお，ターミナルの通信設定は，38400bps，8ビット，パリティなし，フロー制御なしとします．

● **プログラムの概要**

　プログラムの抜粋を**リスト13-2**に示します．プログラムの本体は3ファイルあります．

① パルス発生器本体
　タイマA割り込み処理（基準時間カウント）
　タイマV割り込み処理
　タイマW割り込み処理
　パルス出力制御処理
　初期化処理
　時間待ち処理
　文字列に変換する処理
　ボリュームの値から周波数に変換する処理
　パルス出力処理（AUTOとMANUALモード）
　メイン
② LCD制御（**リスト13-1**と同じ）
③ LCD制御のヘッダ・ファイル（**リスト13-1**と同じ）

13-5　DCモータ測定向け機能の追加

　このパルス発生器は，DCモータの実験にも使えるように，*F-V*変換機能や電圧-PWM変換機能を一部用意してあります．**表13-1**と**表13-2**に示すように機能拡張を行うとDCモータの実験により使いやすくなります．

　図13-17に*F-V*変換機能のブロック図を，**図13-18**（p.202）にタイマWを使用したパルス幅測定のブロック図を示します．

　パルス幅を測定する方法は，第6章で説明した方法と同じですが，測定回数を増やすために，両エッジで測定できるようにしました．単純に両エッジで測定すると，"L"と"H"のパルス幅が異なるデューティのパルスが入力されたとき，出力が脈を打ったような波形になります（**図13-19**，p.202）．そこで，立ち上がりと立ち下がりのパルスは別々に測定し，それぞれを電圧値に変換した後で合成することにしました．パルス幅の測定タイミングを**図13-20**（p.202）に示します．

　INA端子にパルスを入力すると立ち上がりのパルス幅を測定し，INB端子は立ち下がりのパルス幅を測定するので，両エッジのパルス幅を測定する場合は，INA端子とINB端子をショートします．

　実際に観測される*F-V*出力波形を，**図13-21**（p.202）に示します．両エッジで測定した場合，半分の時間間隔で測定するのでスムーズな出力になっています．これをさらに拡張して，2相エンコーダの全エッジ対応にするとより良くなります．

　*F-V*変換機能と電圧-PWM変換機能を追加したプログラムを**リスト13-3**に示します．

〈表13-1〉*F-V*変換機能

SW$_1$	SW$_2$	SW$_6$	入力周波数 [Hz]	出力電圧 [V]
ON	OFF	1	50 〜 1 k	0.25 〜 5.0
		2	100 〜 2 k	
		3	200 〜 4 k	
		4	400 〜 8 k	
	ON	1	50 〜 5 k	0.05 〜 5.0
		2	100 〜 10 k	
		3	200 〜 20 k	
		4	400 〜 40 k	

（a）スイッチの設定と入力周波数／出力電圧

CN$_3$-$_1$(GND)	CN$_3$-$_6$(INA)	CN$_3$-$_7$(INB)
GND	立ち上がりエッジ検出	立ち下がりエッジ検出

（b）入力

CN$_3$-$_1$(GND)	CN$_3$-$_2$(AOUT)
GND	アナログ電圧出力

（c）出力

〈表13-2〉電圧-PWM変換機能

SW$_1$	SW$_3$	VR_1	PWM 出力（20 kHz）	
ON	ON	0 〜 100%	パルス幅	0 〜 100%

（a）スイッチなどの設定とPMW出力

CN$_3$-$_1$(GND)	CN$_3$-$_2$(AOUT)	CN$_3$-$_3$(PWM)
GND	アナログ出力	PWM 出力

（b）出力

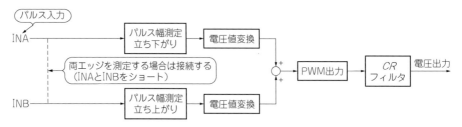

〈図13-17〉*F-V*変換機能のブロック図

〈リスト13-3〉*F-V*変換機能と電圧-PWM変換機能を追加したパルス発生器プログラム（抜粋，ダウンロード可能）

```c
//-------------------------------------------------
//   タイマーW割込み
//-------------------------------------------------

__interrupt(vect=21)
void INT_TimerW(void)
{
    unsigned int width; // 測定パルス幅
    unsigned int frequency;
    static int oldCapTimeA;
    static int oldCapTimeB;
    static int flagA;
    static int flagB;
    unsigned int out=0;
    IO.PDR8.BIT.B1 = 1;

    // パルス幅測定
    if(TW.TSRW.BIT.IMFC){                    // パルス検出？
        TW.TSRW.BIT.IMFC = 0;
        if(flagA == 0){
            width = TW.GRC - oldCapTimeA;    // パルス幅計算
            frequency = MPU_CLK/width;       // パルス幅が正常なとき
                                             //              速度計算
            gFrequency = frequency;
            if(SW_FV_HIGH==1){
                out = frequency/(5*32);
            }else{
                out = frequency>>5;
            }
        }
        oldCapTimeA = TW.GRC;
        TW.GRA = TW.GRC+50000; // パルス幅オーバーフロー条件設定
        flagA = 0;

    }else if(TW.TSRW.BIT.IMFD){              // パルス検出？
        TW.TSRW.BIT.IMFD = 0;
        if(flagB == 0){
            width = TW.GRD - oldCapTimeB;    // パルス幅計算
            frequency = MPU_CLK/width;       // パルス幅が正常なとき
                                             //              速度計算
            gFrequency = frequency;
            if(SW_FV_HIGH==1){
                out = frequency/(5*32);
            }else{
                out = frequency>>5;
            }
        }
        oldCapTimeB = TW.GRD;
        TW.GRA = TW.GRD+50000; // パルス幅オーバーフロー条件設定
        flagB = 0;

    }else if(TW.TSRW.BIT.IMFA){        // パルス幅オーバーフロー？
        // パルス幅が測定可能範囲を越えている場合の処理
        TW.TSRW.BIT.IMFA = 0;
        TW.GRA = TW.GRA+50000;
        gFrequency=0;
        out = 0;
        flagA = flagB = 1;   // パルス幅オーバーフローフラグセット
    }

    if(out > 250-1){
        out = 250-1;
    }else if(out == 0){
        out = 250;
    }

    gPwmOut = out-1;

    IO.PDR8.BIT.B1 = 0;
}

//-------------------------------------------------
//   電圧-PWM変換モード
//-------------------------------------------------

void VPWMMode(void)
```

```c
{
    unsigned int out;

    gMode = 2;

    LcdClr(LCD_AREA_12);
    LcdMov(0, 0);
    LcdPuts("V/PWM MODE");
    LcdMov(0, 1);
    LcdPuts("VR1:Vin");

    while(1){
        if(SW_FV_MODE == 0 || SW_VPWM_MODE==0){
            break;
        }

        out = AD.ADDRA;
        out = out >> 8;
        if(out > 250-1){
            out = 250-1;
        }else if(out == 0){
            out = 250;
        }
        gPwmOut = out-1;
    }
    gMode = 0;
}

//-------------------------------------------------
//   F/V変換モード
//-------------------------------------------------

void FVMode(void)
{
    char str[5+1];

    gMode = 1;

    // タイマーW設定
    TW.TMRW.BYTE  = 0x80;
    TW.TCRW.BYTE  = 0x00;
    TW.TIERW.BYTE = 0x0d;
    TW.TIOR0.BYTE = 0x00;
    TW.TIOR1.BYTE = 0x45;
    TW.GRA = 50000;

    LcdClr(LCD_AREA_12);
    LcdMov(0, 0);
    LcdPuts("F/V MODE");

    while(1){
        if(SW_FV_MODE == 0 || SW_VPWM_MODE==1){
            break;
        }
        TW.TCRW.BYTE = (3-gRangeSW) << 4;

        IntToAscii(gFrequency>>(3-gRangeSW), str, 10, 5);
        LcdMov(0, 1);
        LcdPuts("FREQ ");
        LcdPuts(str);
        LcdPuts("Hz");

        Sleep(10);
    }

    // タイマーW設定
    TW.TMRW.BYTE  = 0x10;
    TW.TCRW.BYTE  = 0x80;
    TW.TIERW.BYTE = 0x00;
    TW.TIOR0.BYTE = 0x00;
    TW.TIOR1.BYTE = 0x40;
    TW.GRB = 0;

    gMode = 0;
}
```

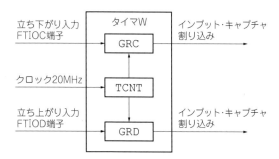

TCNT ：タイマ・カウンタ
GRC ：ジェネラル・レジスタC
GRD ：ジェネラル・レジスタD
FTIOC：インプット・キャプチャ/
　　　　アウトプット・コンペアA
FTIOD：インプット・キャプチャ/
　　　　アウトプット・コンペアB

〈図13-18〉タイマWを使ってエンコーダ信号のパルス
幅を測定する

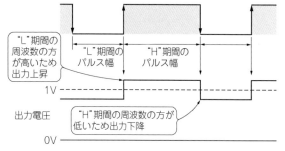

〈図13-20〉パルス幅の測定タイミング

（a）"L"期間と"H"期間のパルス幅が違う場合.
　　出力は脈を打つ

（b）立ち下がりと立ち上がりのパルス幅で測定した場合.
　　"L"期間と"H"期間のパルス幅が違うが出力は脈を打たない

〈図13-19〉デューティと出力波形の関係

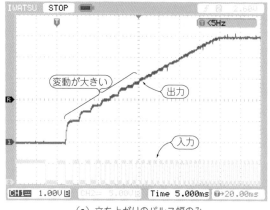

（a）立ち上がりのパルス幅のみ

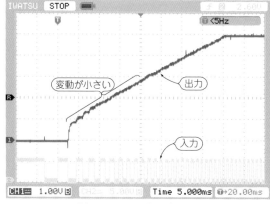

（b）両エッジのパルス幅を合成

〈図13-21〉*F-V*変換出力波形（入力：1V/div.，出力5V/div.，5ms/div.）

参考・引用*文献

第1章

(1) 電気学会精密小形電動機調査専門委員会編；小形モータ，pp.275-281，コロナ社，1991年.

(2) 趣味の自動車用語 http://car.kouguchi.com/2006/01/post_139.html

(3) ハイレックスコーポレーション http://www.hi-lex.co.jp/cable/report/detail04.html

(4) シロキ工業 http://www.shiroki.co.jp/products/winregu.html

(5) 萩野弘司；ブラシレスDCモータの使い方，pp.145-147，オーム社，2003年.

(6) 吉永 淳 編著；アルテ21電気機器，pp.183-185，オーム社，1997年.

(7) フリー百科事典 ウィキペディア：ハードディスクドライブ http://ja.wikipedia.org/

(8) エフテック㈱ http://www.ftech-net.co.jp/

(9) 近藤科学㈱ http://kondo-robot.com/

第2章

(1)* ファイル：Magnet0873.png，2005年3月10日（木）09：52 UTC，フリー百科事典 ウィキペディア

http://ja.wikipedia.org/wiki/%E3%83%95%E3%82%A1%E3%82%A4%E3%83%AB:Magnet0873.png

(2) 岸野正剛；基本から学ぶ電磁気学，p.161，電気学会（オーム社），2008年.

(3) 正田栄介，高木正蔵；アルテ21電磁気，pp150-151，オーム社，1997年.

第3章

(1) 小形モータの分類と評価法／性能評価法調査専門委員会；小型モータの分類と試験法の現状，電気学会技術報告第576号，pp.3～6，1996年.

(2) マブチモーター㈱. http://www.mabuchi-motor.co.jp/

(3) ㈱タミヤ. http://tamiya.com/

(4) 日本電産サーボ㈱. http://www.nidec-servo.com/jp/

(5) 光進電気工業㈱. http://www.koshindenki.com/

(6) 萩野弘司；ブラシレスDCモータの使いかた，pp.39-52，オーム社，2003年.

(7) 坂本正文；ステッピング・モータの使いかた，pp.47-49，オーム社，2003年.

(8) 電気学会精密小型電動機調査専門委員会 編；小形モータ，pp.191-220，コロナ社，1991年.

第4章

(1) ブラシ付DCモータDMNシリーズ，日本電産サーボ㈱.

(2) 萩野弘司；ブラシレスDCモータの使い方，pp.107-108，オーム社，2003年.

第5章

(1) ㈱東芝 セミコンダクター＆ストレージ社. http://www.semicon.toshiba.co.jp/

(2) 谷腰欣司；DCモータの正逆転回路，ビギナーのための小型モータ回路集，pp.35-39，日刊工業新聞社，2003年.

(3) 鈴木健二；各種モータの特徴と制御の基礎，トランジスタ技術，2000年8月号，pp.216-218，CQ出版社.

(4) 上光隆義；汎用小型ロボットの製作技法，トランジスタ技術，2001年8月号，pp.181-182，CQ出版社.

第6章

(1) サンハヤト㈱. http://www.sunhayato.co.jp/index.php

(2) ルネサス エレクトロニクス㈱. http://japan.renesas.com/

(3) 日本電産サーボ㈱. http://www.nidec-servo.com/jp/

(4) ㈱東芝 セミコンダクター＆ストレージ社. http://www.semicon.toshiba.co.jp/

第7章

(1) ブラシ付DCモータDMNシリーズ，日本電産サーボ㈱．

(2) 熊坂伊久男；電子部品選択活用ガイド メカトロニクス編，トランジスタ技術2005年11月号，pp.113-118，CQ出版社．

(3) センサ ポテンショメータ，日本電産サーボ㈱．

(4) DS成形平歯車 KHK標準歯車（平歯車），小原歯車工業㈱．

第8章

(1) 加藤 隆；制御工学テキスト，pp.86-88，日本理工出版会，1998年．

(2) OPA548 datasheet SBOS070B，Texas Instruments Incorporated.

(3) 23V58 & 23V48 Brushed DC，Portescap.

　http://www.portescap.com/

　http://www.danahermotion.co.jp/

第8章 Appendix

(1) 棚木義則：電子回路シミュレータPSpice入門編，CQ出版社，2009年．

(2) 森下勇：電子回路シミュレータPSpiceリファレンス・ブック，CQ出版社，2009年．

第9章

(1) モータ総合カタログ，ステッピング・モータ＆ドライバ，日本電産サーボ㈱． http://www.nidec-servo.com/jp/

(2) モータ技術実用ハンドブック編集委員会 編：モータ技術実用ハンドブック，pp.71-82，日刊工業新聞社，2001年．

(3) 技術資料 ステッピングモーター，オリエンタルモーター㈱． http://www.orientalmotor.co.jp

(4) 山洋電気㈱． http://www.sanyodenki.co.jp

(5) 坂本正文：ステッピングモータの使い方，pp.41-47，pp.154-156，オーム社，2003年．

第10章

(1) 百目鬼英雄；ステッピングモータの使い方，pp.24-25，pp.48-52，工業調査会，1993年．

(2) 5相ステップモータ／ドライバカタログNo.T12-1497N11，p.8，多摩川精機㈱，2005.3.

第11章

(1) FWDシリーズ，日本電産サーボ㈱． http://www.nidec-servo.com/jp/

(2) FSD2U2P14-01，FSD2B2P13-01，日本電産サーボ㈱．

(3) 2相ステッピングモータユニポーラ駆動用IC，サンケン電気㈱． http://www.sanken-ele.co.jp

(4) 横山直隆：ステッピング・モータの制御法，トランジスタ技術SPECIAL No.61，pp.124-151，CQ出版社，1998年．

第12章

(1) 日本電産サーボ㈱． http://www.nidec-servo.com/jp/

(2) 鍋屋バイテック会社． http://www.nbk1560.com/

(3) 株式会社メイコーテック． http://www.thiac.co.jp/products.html

(4) 坂本正文；ステッピングモータの使い方，p.116，オーム社，2003年．

(5) マイクロテック・ラボラトリー㈱． http://www.mtl.co.jp

索引

実験で学ぶDCモータのマイコン制御術［オンデマンド版］

2012年 7月 1日　初 版 発 行
2021年12月15日　オンデマンド版発行

© 萩野弘司／井桁健一郎 2012
（無断転載を禁じます）

ISBN978-4-7898-5292-0

定価は表紙に表示してあります．
乱丁・落丁本はご面倒でも小社宛てにお送りください．
送料小社負担にてお取り替えいたします．

著　者　萩野弘司／井桁健一郎
発行人　小 澤 拓 治
発行所　Ｃ Ｑ 出 版 株 式 会 社
〒112-8619　東京都文京区千石4-29-14
電話　編集　03-5395-2123
　　　販売　03-5395-2141

編集担当者　内門 和良
印刷・製本　大日本印刷株式会社
Printed in Japan